深圳市

教育类装配式建筑项目案例汇编

深圳市建设科技促进中心　主编

U0299634

中国建筑工业出版社

图书在版编目（CIP）数据

深圳市教育类装配式建筑项目案例汇编 / 深圳市建设科技促进中心主编 . —北京：中国建筑工业出版社，2023.10

ISBN 978-7-112-29192-2

Ⅰ.①深… Ⅱ.①深… Ⅲ.①教育建筑—建筑设计—案例—汇编—深圳 Ⅳ.①TU244

中国国家版本馆 CIP 数据核字（2023）第 184524 号

责任编辑：陈夕涛　李　东　徐昌强
责任校对：王　烨

深圳市教育类装配式建筑项目案例汇编
深圳市建设科技促进中心　主编

*

中国建筑工业出版社出版、发行（北京海淀三里河路9号）
各地新华书店、建筑书店经销
华之逸品书装设计制版
北京富诚彩色印刷有限公司印刷

*

开本：787毫米×1092毫米　1/16　印张：11　字数：166千字
2023年11月第一版　　2023年11月第一次印刷
定价：**98.00**元
ISBN 978-7-112-29192-2
（41645）

《深圳市教育类装配式建筑项目案例汇编》
编 委 会

指导单位：深圳市住房和建设局

主编单位：深圳市建设科技促进中心

参编单位：深圳市建筑工程质量安全监督总站

深圳市福田区建筑工务署

中建科技集团有限公司

中建科工集团

中国建筑第四工程局有限公司

中建集成科技有限公司

中建海龙科技有限公司

香港元远建筑科技发展有限公司

序

非常感谢深圳市建设科技促进中心邀请我为本书做序,深感荣幸。在此我想以法国建筑师勒·柯布西耶(Le Corbusier)的名言开头:"建筑是一种创造空间的艺术,空间是人类生活的舞台。"在这个意义上,装配式建筑不仅是一种工业化的生产方式,也是一种创造空间的艺术方式。它通过标准化、模块化等特点,实现了建筑构件的工厂化生产和现场快速装配,提高了建筑质量和效率,降低了建筑成本和资源消耗,满足了不同地域、气候、功能和审美的需求。装配式建筑不仅可以适应城镇化进程中对居住建筑的大量需求,也可以为教育、文化、医疗等各类建筑提供优质的空间环境。近年来,深圳市在教育类项目上做了大量的探索和实践,但一直没有一本书将这些探索过程、实践经验有效地总结出来,这本《深圳市教育类装配式建筑项目案例汇编》的出版可谓正逢其时,恰逢其势。

本书展示了装配式建筑在教育场所中的多样化应用和创新性探索,体现了深圳市在推广装配式建筑方面的先进理念和实践经验。书中对每个项目都进行了详细的介绍和分析,包括设计理念、结构系统、施工工艺、空间效果等,同时也指出了存在的问题和改进方向。我认为,这本书不仅具有很高的实用价值,也具有很强的启发性和借鉴意义。

阅览本书中的一个个项目,仿佛走进一座座校园,让我想起了曾经的小学,想到了郁郁葱葱的中学,还有我去过的国内外各式各样的学校。无论历经了多少时光,每个学生对母校的记忆都是深刻的。建筑师能使自己的作品在学生的记忆中留下这样的美好,是莫大的喜悦。随着建筑技术的不断创新,我们可以通过装配式建筑实现更加干净、明亮、舒适的校园环境，给教育注入更加灵活、多元、开放的理念。但是，我们通过建筑所表达的人文关怀是始终如一的。

我希望这本书能够引起更多人对装配式建筑的关注和研究，推动装配式建筑的普及和发展，为人类创造更美好的生活空间。

广东省工程勘察设计大师
中建科技集团有限公司首席设计师

2023年10月25日

前言

深圳是一座充满活力和创新的城市。在这里，教育不仅是一项基本的民生需求，也是一项战略性的发展任务。随着城市化建设的快速推进和市民对教育的日益重视，深圳的教育类基础设施建设面临着前所未有的挑战和机遇。如何在有限的土地资源和时间条件下，建造出符合教育功能需求、体现教育理念和特色、展现建筑美学和品质、实现绿色低碳和可持续发展的教育建筑，是一个亟待探索和解决的课题。而装配式建筑，为解决这一课题提供了新的思路和方法。

教育类建筑的空间功能相对单一，结构形式相对简洁，可以实现构件和空间单元的标准化、模块化设计和施工。多年来，深圳市在教育类装配式建筑方面进行了大量的实践和创新，形成了丰富的经验和成果。为了将这些经验和成果进行系统的总结和分享，深圳市建设科技促进中心编制了《深圳市教育类装配式建筑项目案例汇编》，旨在为推动装配式建筑的发展提供有力的支撑。

《深圳市教育类装配式建筑项目案例汇编》收录了深圳市实施装配式建筑的7个优秀教育类项目，涵盖了不同类型的结构体系和技术路线。其中，坪山区实验学校南校区二期项目是装配式钢–混凝土框架结构体系的创新应用，结合了多种技术创新，设计、制造和施工方面都体现了高效率和高质量，大幅缩短了工期和降低了综合造价，取得了良好的综合效益；梅丽小学腾挪校舍项目是一个装配式轻量钢结构项目，它利用了通用构件的特性和标准模块的设计，实现了快速建造、灵活使用和重复利用的功能，受到了师生的广泛好评；大磡小学新校舍项目则选用"钢框架＋蒸压加气混凝土墙板（ALC）"的结构，形成一整套装配式钢结构体系，同时结合BIM技术，打造快速建造、绿色智慧、高效节能的教育类建筑的示范案例；下梅社区幼儿园项目是一个钢结构模块化建筑项目，它采用了叠箱-底部框架结构，将预制好的标准模块单元叠放在底部框架上，形成了一个稳定的整体结构，充分发挥模块化建筑的优势；泰宁小学腾挪校舍项目也是一个钢结构模块化建筑项目，不同的是，它采用了叠箱结构，将预制好的标准模块单元像"搭积木"一样直接叠放在一起，给教育类模块化建筑的实施提供宝贵探索经验。

《深圳市教育类装配式建筑项目案例汇编》从项目概况、设计、生产和运输、施工、效益分析、总结六个方面进行了详细的介绍，展示了每个项目实施过程中的关键技术和经验教训。通过对这些项目的深入剖析，我们可以看到装配式建筑在教育类建筑中所展现出来的巨大潜力和优势，也可以看到装配式建筑在发展过程中所面临的问题和挑战。我们希望这本书能够为相关企业和从业人员提供有价值的参考和启示，进一步推动教育类装配式建筑质量水平的提升和促进装配式建筑健康发展。

本书仅供装配式建筑相关企业和从业人员借鉴参考，同时希望各企业在实践过程中加强沟通交流、不断积累经验，对本书提出宝贵意见，以供今后修订时修正和充实，为深圳市装配式建筑发展作出贡献。

目录

01

深圳市坪山区实验学校南校区二期项目

- □ 建设单位｜深圳市坪山区建筑工务署
- □ 工程总承包单位｜中建科技集团有限公司
- □ 施工单位｜中建二局第一建筑工程有限公司
- □ 构件生产单位｜中建科技（深汕特别合作区）有限公司
- □ 监理单位｜深圳市中行建设工程顾问有限公司

一、项目概况

（一）用地情况

坪山区实验学校南校区二期项目规划用地面积为 3.3 万 m²，位于深圳市坪山中心区竹西路以南、新和四路以东，西面为坪山实验学校南校区，东面为坪山大剧院（图 1-1、图 1-2）。

图 1-1　学校规划用地航拍图

（二）规划设计指标

项目总建筑面积约为 10.1 万 m²，地上约 7.5 万 m²，地下约 2.6 万 m²。项目总投资约为 7.6 亿元，规划建成 72 班完全小学，可提供学位 3240 个。

根据深圳市《普通中小学建设标准指引》要求和地块情况，主要建设内容包括教学及辅助用房、办公用房、生活服务用房、合班教室、剧场、宿舍、食堂及地下室等。其中，必配基本校舍用房 3.9 万 m²，增配用房及附属设施 3.6 万 m²，地下室 2.6 万 m²（表 1-1）。

图1-2 学校实景图

建设内容及规模总表　　　　　　　　　表1-1

序号	建设内容	建筑面积（m²）
1	必配基本校舍用房	39598.00
1.1	教学及辅助用房	28868.00
1.2	办公用房	4672.00
1.3	生活服务用房	6058.00
2	增配用房及其附属设施	35558.94
2.1	微格教室+合班教室	2727.27
2.2	预留教室	0.00
2.3	教职工、学生午休用房及食堂	11706.88
2.4	小剧场	1107.69
2.5	创客实验室	2094.55
2.6	名师工作室	654.55
2.7	架空层	17268.00
3	地下室	26374.40
合计		101531.33

　　本项目主要由2栋6层教学办公楼、1栋14层宿舍楼、裙楼及地下室组成，总体布置遵循"围合""对称"的设计理念，两栋单体教学办公楼沿着地块形状镜像对称布置，南北通透；裙楼共两层沿着新和四路从西北面布置到南面，并在屋顶层设置了200m跑道。平面西角布置了一栋14层宿舍楼，满足教师、学生的休息需要；在项目三

面设置了3个出入口，合理分布各功能空间，整体功能布局清晰、紧凑经济，适应学生个性多样化发展需求，为学校师生营造了轻松活泼的校园氛围和绿色优美的生态环境（图1-3）。

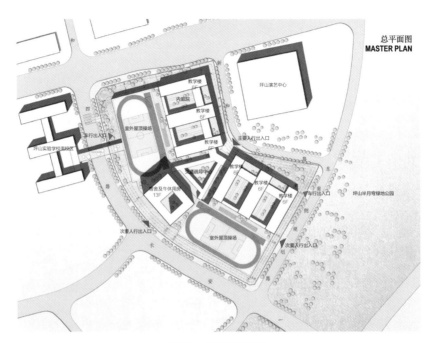

图1-3　学校总平面图

（三）装配式建筑技术应用情况

本项目的装配式建筑实施范围为两栋教学楼，主要采用装配式钢—混凝土组合框架结构体系。该结构体系是由预制钢筋混凝土柱、钢梁、带肋预应力混凝土叠合板、开槽型不出筋混凝土叠合板、预制楼梯、预制阳台和预制内、外隔墙条板等预制构件组成。教学楼预制率为66.5%，装配率是76.6%。项目设计按照现行国家标准《装配式建筑评价标准》GB/T 51129—2017，评为AA级装配式建筑；按照《深圳市装配式建筑评分规则》得分为80.6分。

二、设计

根据项目策划确定的总体方案，选取两栋教学办公楼实施装配式建筑。两栋教学办公楼在平面上呈镜像对称，标准化设计程度完全一致，故本文以2号教学办公楼（以下简称"教学楼"）为例，介绍装配式建筑实施情况。

（一）建筑设计

坪山区实验学校南校区二期项目的建筑设计基于教学楼建筑功能相对稳定的特点，教室、办公室、卫生间和楼梯间等各功能区易做到建筑的标准化设计。坪山区实验学校南校区二期项目的建筑设计方案结合了装配式建筑的特点，以实现三化（模数化、模块化、标准化）和四性（功能性、安全性、经济性、易建性）为主导思想，其建筑设计采用"四个标准化"设计技术体系，即平面标准化、立面标准化、构件标准化、部品标准化。

1.平面标准化（有限模块、无限生长）

平面标准化应该合理划分框架柱网，以标准柱网为基本模块，根据使用功能、人流走向和空间美学组合成灵活多变的户型和平面布局。

坪山区实验学校南校区二期项目的教学楼根据各功能模块采用标准化设计，其标准平面教室均采用9m×9m柱网，走廊均采用9m×3m柱网，立面4层以下教室统一为4m层高、5～6层办公室统一为3.5m层高，通过平面和立面标准化，从而使该项目的预制柱、钢梁、预应力叠合楼板、楼梯等构件实现标准化（图1-4）。

教学楼各标准单元模块采用标准化、模数化尺寸设计，形成了丰富的平面及立面组合形态，可满足教学楼对于平、立面多样化的需求。

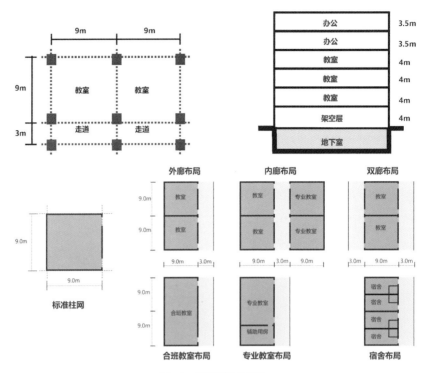

图1-4 平面标准化设计

2.立面标准化(多样化、个性化)

立面标准化设计对立面的各构成要素进行合理划分,将其大部分设计成工厂生产的构件或部品,运用模数协调的原则,减少其种类,并在差异间寻求多样性。以模块单元的形式进行组合排列,辅之以色彩、肌理、质感、光影等艺术处理手段,最终实现了学校立面标准化和多样化的统一(图1-5)。

图1-5 平面标准化与立面多样化的统一

3.构件标准化（少种类、多数量）

项目采用的预制构件有：预制钢筋混凝土柱、钢梁、带肋预应力混凝土叠合板、开槽型不出筋混凝土叠合板、预制楼梯、预制阳台和预制内、外隔墙条板等。在构件的标准化设计方面，对建筑物和构件的尺寸进行统一协调处理，从而达到加快设计速度、提高工厂制作效率和施工效率、降低综合成本的效果。

在预制构件深化设计过程中，先经过分析得出使用频率较高的预制构件，再优化协调构件的模数和尺寸，坚持"少种类，多数量"的原则，尽量使学校的构件通用性达到最优程度，尽量减少模具数量和制作成本（图1-6、图1-7）。

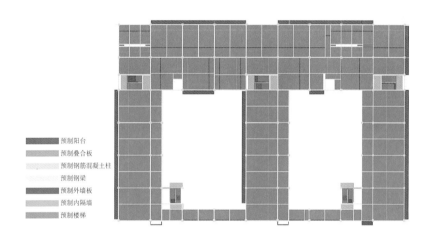

图1-6 教学楼标准层预制构件分布图1

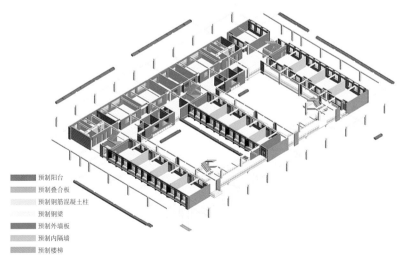

图1-7 教学楼标准层预制构件分布图2

4.部品标准化（模块化、精细化）

项目主要对空调百叶、栏杆、吊顶、遮阳板、门窗等工厂化生产的内外装饰品及功能性部品进行标准化设计（图1-8）。

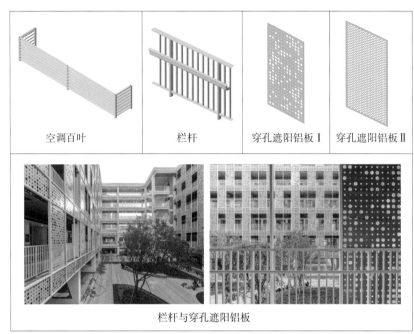

| 空调百叶 | 栏杆 | 穿孔遮阳铝板Ⅰ | 穿孔遮阳铝板Ⅱ |

栏杆与穿孔遮阳铝板

图1-8　项目部品图

（二）结构设计

1.结构体系

教学楼教室空间横纵向相邻预制柱间距为9m，是典型的大跨度建筑项目，采用装配式钢—混凝土组合框架结构体系（图1-9），该体系荣获"广东省工程勘察设计行业协会科学技术一等奖"。

主体结构框架柱设计采用预制钢筋混凝土柱，预制柱与预制柱之间的竖向节点连接采用全灌浆套筒连接。这主要是因为全灌浆套筒采用球墨铸铁一次浇铸成型，构造牢固，外壁粗糙，与混凝土的黏结较好，内置钢筋端部无须额外车丝螺纹，直接插入即可，也不需要拧紧套筒，工艺简单，效率高，价格适中，相对半灌浆套筒具有综合优势。

主次梁选用型钢梁。基于预制柱内预埋钢构节点，预制柱与型钢梁水平节点采用高强度螺栓干法连接。大跨度楼面采用带肋预应力混

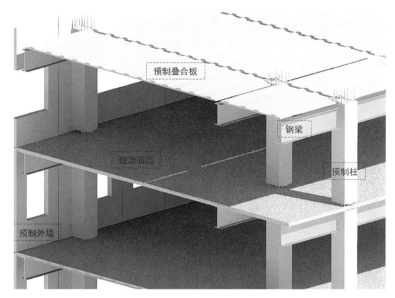

图1-9　装配式钢—混凝土组合框架结构体系

凝土叠合楼板、小跨度楼面采用开槽型混凝土叠合楼板，阳台采用预制阳台板，预制楼面构件与钢梁搭接并绑扎板面钢筋后采用混凝土整体浇筑。

装配式钢—混组合框架结构体系中的各类构件具有以下优点：一是框架柱采用预制钢筋混凝土柱，充分利用了混凝土结构的抗压强度高的特点，能够保障竖向结构的稳定；二是主次梁选用预制型钢梁充分利用了钢结构加工简单、重量较轻、施工方便、抗拉强度高、塑性好等优点，与预制混凝土柱组合应用可以充分发挥两种结构的优势性能，适于一定范围内的较大跨度建造；三是免模板预应力叠合楼板节省材料、施工速度快捷，可以充分利用预应力的特性来保障大跨度楼板整体浇筑后的质量；四是预制构件和装配式连接节点便于工业化生产和机械化安装，生产和施工效率都较高。

2.关键节点设计

1）梁柱节点

项目根据预制混凝土柱与钢梁的连接特点，自主研发了一种主要由侧面钢板、上横隔板、高强度螺栓、钢筋拉杆、隔板栓钉和内部箍筋等组成的新型装配式梁柱连接节点。其特点在于：高强度螺栓在钢节点上预先安装，方便施工；两端车丝螺纹钢替代节点内部竖向隔板，焊接量少；负弯矩区钢梁上翼缘与楼板内钢筋共同受力，发挥材料性能。

这种节点主要采用对拉钢筋拉杆和螺栓连接，现场焊接量少，安装速度快。预制混凝土柱身与其端部的梁柱连接节点在工厂实现一体化制作，不仅提高了生产效率和制作精度，还可减少制作成本（图1-10、图1-11）。

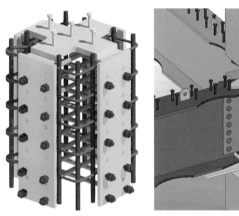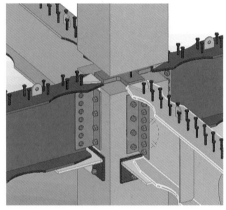

图1-10　装配式钢—混组合框架结构的新型梁柱节点

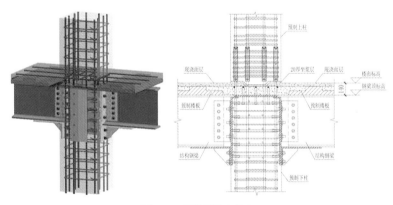

图1-11　标准层跨中节点

2）梁板节点

组合梁是通过在型钢梁顶设置栓钉或其他抗剪键，使混凝土楼板和钢梁协同工作的梁，其充分利用钢梁的抗拉性能和混凝土楼板的抗压性能，使得钢梁承载力更高，结构整体性更好（图1-12、图1-13）。其优势在于：

（1）比同跨度、同荷载情况下混凝土梁截面更小、自重轻。

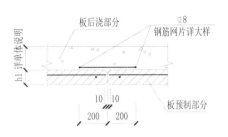

图1-12 预应力混凝土叠合板拼缝构造形式

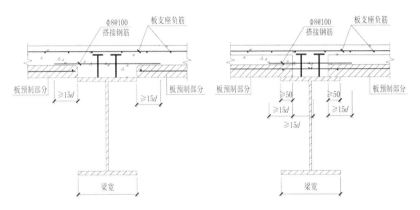

图1-13 预制混凝土叠合板与主梁连接

（2）与混凝土梁同梁高情况下，组合梁跨度更大。

（3）工厂化生产，制作加工方便，现场施工效率高。

项目使用了带肋预应力混凝土叠合板和开槽型不出筋混凝土叠合板。开槽型不出筋混凝土叠合板没有布置桁架钢筋，在叠合板的四周或两端预留条形凹槽孔，安装时在条形凹槽内直接布置附加钢筋，然后绑扎板面双向钢筋，再后浇混凝土。凹槽内的附加钢筋可用于替代传统预制板的胡子筋，提高板端的抗剪承载力和抗裂缝，保证叠合板与相邻构件的有效连接，提高楼板结构的整体性和安全性。

带肋预应力混凝土叠合板的预应力主筋即是叠合楼板的主筋，上部混凝土现浇层仅配置负弯矩钢筋和构造钢筋。预应力底板用作现浇混凝土层的底模，在与普通叠合板荷载相同的情况下，预应力混凝土叠合板在跨度为4.5m以内时，不必为现浇层支撑模板，跨度为4.5m以上时应适当设置少量支撑。薄板底面光滑平整，板缝经处理后，顶棚可以不再抹灰。这种叠合楼板具有整体性好、刚度大、抗裂性好、不增加钢筋消耗、节约模板和施工效率高等优点。

通过理论分析结合项目实践，开槽型不出筋混凝土叠合板和带肋预应力叠合板各有其适用空间，在教学楼建筑中，跨度较小的部位可使用开槽型混凝土叠合板，在教室等空间可使用预应力叠合板，两者相互配合使用，最大限度地减少了现场搭设模板、支撑的费用，提高了施工效率，符合工业化建造的理念。

（三）机电设计

1.管线分离

教学楼设计多联机+新风系统，强弱电设备房、机电设备管线系统采用集中布置，各楼层采用集中线槽分布至教室及功能间。照明、空调、喷淋等管线采用明敷，并通过局部吊顶设置线槽集中室内管线，再通过走道桥架集中到设备管井；走道桥架吊装在结构板下，通过吊顶方式进行装饰，达到美观的效果，实现机电管线与内装系统一体化设计。

利用角落空间安装墙体管线槽，实现墙面的机电管线与结构分离。少部分一次机电管线预埋在楼板内，一部分智能化线缆设置在包柱及地砖下。

机电管线分离设计应用BIM软件检查施工图设计阶段的碰撞，完成建筑项目设计图纸范围内各种管线布设与建筑、结构平面布置和竖向高程相协调的三维协同设计工作，以避免空间冲突，尽可能减少碰撞，避免设计错误传递到施工阶段，便于构件的工厂化生产和安装，也便于机电管线全生命周期维护（图1-14）。

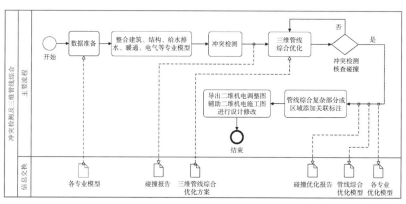

图1-14 基于BIM的设计流程图

2.防雷引下线

防雷引下线是用于将雷电流从屋顶接闪带（避雷针）传导至接地装置的导体。目前的防雷设计多利用混凝土内钢筋、钢柱作为自然引下线。而在装配式钢—混组合框架结构中，框架竖向连接采用套筒灌浆技术，若选取此类钢筋作为防雷引下线，则存在混凝土隔层，无法满足防雷要求。

教学楼主体的防雷引下线利用柱内对角的两根主筋作为引下线，在柱间采用预留镀锌扁钢，现场螺栓连接的形式使其形成电气通路，实现作为防雷引下线的功能（图1-15）。

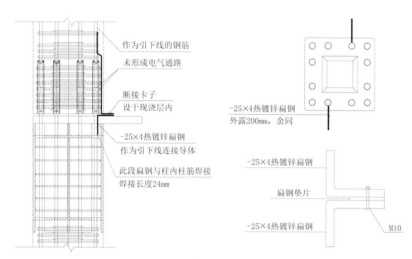

图1-15　预制柱间防雷引下线做法

（四）装饰装修设计

项目的室内装饰设计采用了装配式装修技术，将管线与结构分离，采用干式工法，形成集成吊顶系统、快装墙面系统、套装门窗系统、快装给水系统、轻质隔墙系统、快装地面系统、架空地面系统、薄法排水系统。杜绝传统装修通病，减少对传统工艺的依赖，并且具有高效率、高品质、省人工、节能环保、维护翻新方便等多种优点。

项目的墙面、顶棚、地面均实行模块化定制加工，现场直接进行组装，经过现场精确的测量放线，与施工图核实尺寸后根据要求进行深化排版，并对各板块进行编号，然后将施工计划交由加工厂进行大规模的工厂化生产，板块到现场之后直接根据深化设计排版图对号入座进行安装。这种工厂化加工、现场安装的装配式建筑技术采取装饰材料模数化，以及与末端点位组合模块化的方式，实行工厂批量定制加工，不但提高了生产效率，同时也避免了现场二次加工带来的材料浪费和环境污染等问题。

三、生产与运输

（一）生产环节

项目在施工图设计阶段明确了标准构件类型、尺寸、埋件定位等，构件厂根据预制构件图纸，进行深化设计以满足生产、吊装需求，并提前对标准构件进行排产。预制构件的生产以构件标准化设计为前提，充分发挥工厂的自动化和规模化的批量生产优势，取代大量人工作业，提高生产加工精度和生产效率，生产出能保证质量的高品质预制构件。教学楼建筑的预制构件从"构件厂收到正式施工图纸"到"首批构件进入施工现场"大约需要60天（图1-16）。

图1-16 中建科技（深汕特别合作区）有限公司生产车间

各类预制构件的生产流程基本相同，可归纳为：构件深化设计→模具设计→采购模具→清扫组装→钢筋及预埋件制定→混凝土浇筑→水洗面处理→养护→脱模→存储→标识→运输。

1.预制混凝土柱（预埋钢构节点）

为减少灌浆套筒的数量，方便预制混凝土柱的生产制作和安装定位，提高现场安装效率，预制柱的主体钢筋采用"大直径，少根数"的原则进行设计。为提高预制柱模具的通用性，减少模具成本，预制柱均采用同一种截面尺寸，内部两种配筋组合，7种柱端钢构节点，总数为443件。柱端梁柱钢构节点在工厂预制好，与预制柱钢筋一并浇筑。钢构节点由四面带高强螺栓侧板（侧板宽度250mm，每块板上高强度螺栓数十个），上横隔板及内部连接钢筋组成（双向连接钢筋共20根，材质为三级钢），并在隔板顶部及侧板内部设置M19抗剪栓钉。钢构节点根据柱与梁钢接方向不同，分为L字形（两侧连接）、T字形（三侧连接）及十字形（四侧连接）三类。

除了钢构节点，预制柱的预埋件还包括套筒、支撑锚栓、吊钉和脱模锚栓、注溢浆孔波纹软管等，在生产时均需提前进行深化设计，与钢筋笼一起定位（图1-17）。

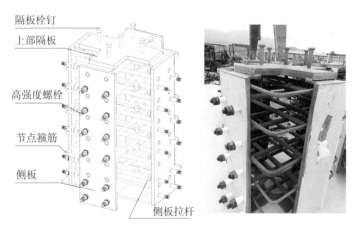

图1-17 预制梁柱节点设计图与安装前实拍图

该节点优势在于：侧板与内部连接钢筋车丝连接，避免焊接造成节点变形，加工精度有保证；钢节点钢侧板上预置与钢梁连接高强度螺栓，现场施工方便；钢节点与混凝土柱一体化生产，构件制作精度有保证，现场施工效率高。

工厂化生产保证了梁柱节点与混凝土柱一体化生产的质量与精度，也保证了构件的现场装配的效率。在生产构件的过程中，应注意：

（1）采用适当措施保护节点预留高强度螺栓和节点侧板免受污染和损伤。

（2）混凝土柱生产过程中避免扰动钢节点，以免影响构件安装精度。

（3）保证高强度螺栓与侧板的垂直度。

2.预制叠合板

单栋教学楼采用2514件钢筋混凝土叠合板，分为带肋预应力混凝土叠合板和开槽型不出筋混凝土叠合板2种（图1-18）。

带肋预应力混凝土叠合板采用长线台生产，一次可生产20块左右，生产效率高。其跨度为4.5m，可采用独立支撑施工，有效提高施工效率。

图1-18 带肋预应力混凝土叠合板（左），开槽型不出筋混凝土叠合板（右）

开槽型不出筋混凝土叠合板没有布置桁架钢筋，取消了端部胡子筋，因而其模具无须根据钢筋直径和间距的不同而开不同的孔，简化了模具，提高了模具标准化程度。此外，钢筋网能实现自动化焊接，提高了自动化生产程度，并且在施工时避免了其端部钢筋与其他构件钢筋和钢梁栓钉的碰撞问题。这种叠合板没有布置桁架钢筋，四面不出筋，其单位面积配筋量少，成本降低，在生产、运输和施工等方面均提高了效率，具有综合优势。

3.钢梁

教学楼型钢梁采用焊接H型钢，采用工厂化制造的方式，所产钢梁共计1404t，应用数控切割钢板技术、自动焊接技术和流水线喷漆技术等。

焊接H型钢加工制作工艺流程为以下四步：①T型组立-T型焊接；②H型组立-H型焊接-H型矫正；③装焊连接板-检测整体焊接尺寸；④端部铣平—端部钻孔。

生产完成后，还应进行防腐处理，工艺流程为：喷石英砂表面除锈→表面清灰→底漆涂装→中间漆涂装。

4.预制楼梯与预制阳台（空调板）

教学楼使用了60块预制钢筋混凝土楼梯，型号共四种，长度4440mm和3880mm，分别对应1490mm及1890mm两种宽度；采用了标准化设计的预制阳台（空调板）共计493块，这两类异形构件采用固定模台生产线生产（图1-19）。

图1-19 预制阳台板

（二）运输环节

为保证现场吊装安装与工厂生产、库存的合理接驳，在均衡生产的基础上，本项目编制了专项生产计划与生产方案，要求工厂生产进度与现场完成一个标准层的施工速度相匹配，并确保至少2层标准层的构件储备量。生产厂区设置项目标准层构件的库存区，并合理调配产品库存运输。

生产基地距离该项目78.4km，运输时间约1小时。根据现场预制构件吊装进度安排，在水平构件叠合板吊装当天，安排4车（12个/辆）运输，运输2个班次；在异形构件吊装当天，安排2车（8个/辆）运输，运输4个班次，实现构件生产、库存、运输、吊装的流水接驳（图1-20）。

图1-20　预制构件运输

四、施工

（一）施工计划

装配式建筑施工特点是以塔式起重机为主的机械化流水施工，吊装伊始，各道工序均应有施工前置计划，并依计划有节奏地紧密配合。按照各项子分项工程时间排序，以2号教学楼为例，主要节点工期计划见表1-2：

主要节点工期计划 表1-2

项目名称	工期	开始时间	完成时间
塔式起重机安装工程	25天	2018年10月24日	2018年11月17日
施工电梯安装工程	20天	2018年12月15日	2019年1月3日
主体结构吊装工程	62天	2018年11月30日	2019年1月30日
屋面工程	13天	2019年1月31日	2019年2月12日
地上砌筑、轻质隔墙安装工程	86天	2018年12月16日	2019年3月21日
外墙装饰工程	32天	2019年2月16日	2019年3月27日
门窗栏杆工程	59天	2019年1月22日	2019年3月31日
电梯安装工程	25天	2019年3月7日	2019年3月31日
外架拆除工程	30天	2019年2月23日	2019年4月2日
施工电梯拆除工程	10天	2019年4月21日	2019年4月30日
教学楼机电安装工程	154天	2018年12月23日	2019年6月4日
精装修工程	100天	2019年3月12日	2019年6月19日
工程验收及竣工备案	163天	2019年3月5日	2019年8月14日

通过周密的施工组织与井然有序的穿插作业，本项目仅用3个月就完成了主体结构封顶，总工期仅为10.5个月，相对于传统的施工方式，项目通过建筑工业化的智慧建造模式，节省了约1/2的工期。

（二）主体结构施工工法

为响应国家发展装配式建筑的号召，促进装配式建筑发展，项目工程总承包单位在深圳坪山实验学校南校区、锦龙学校和竹坑学校率先采用了装配式钢和混凝土组合框架体系，形成了成套的施工技术和成熟的工程管理经验，最终总结形成了"装配式钢—混凝土组合框架结构体系工法"（图1-21），并获批成为深圳市市级工法。

此工法工艺原理如下：

（1）建筑物基础及预制构件叠合部分采用混凝土现浇，预制柱竖向钢筋连接采用全灌浆套筒形式灌浆连接，建筑外墙及内隔墙采用ALC墙板、发泡陶瓷板及空心轻质墙板。

（2）预制构件按照标准化设计，根据设计的建筑及结构特点，将柱、梁、板、阳台、楼梯等构件进行拆分，在工厂进行标准化生产，并在运输及进场验收阶段按照规范要求对预制构件进行验收。

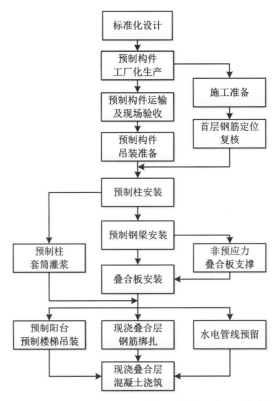

图1-21 装配式钢—混凝土组合框架结构体系施工工艺流程

（3）预制构件的加工及运输装车顺序计划，与现场的预制构件安装计划紧密结合，保证不同种类不同位置的预制构件按照安装计划及时进场，保证现场预制构件安装的连续性。

（4）预制构件在现场就位后，利用塔式起重机等大型机械，配合现场鸭嘴扣、吊梁等工装进行吊装，每层预制构件安装完成后，穿插进行灌浆套筒灌浆及叠合层混凝土浇筑构件。

"装配式钢—混凝土组合框架结构体系工法"具有节约工期、施工安全、质量可靠、保护环境的特点。

（三）连接方式

1.预制柱竖向连接

预制柱吊装流程为：测量放线→吊具安装→预制柱翻身→起吊→悬空钢筋对位→就位→安装临时斜支撑→垂直度调整。安装完钢梁后，预制柱竖向连接的流程（分仓法）为：预制柱及预制钢梁轴线复核→制作坐浆料→封仓→检查气密性→制作灌浆料→灌浆料检测→灌浆→浆料清理。框架柱是结构稳定的基本保障，预制柱的竖向连接主要是利用全灌浆套筒技术进行连接（图1-22）。

图1-22 预制柱安装

预制柱竖向连接施工要点及注意事项主要包括：

（1）为加快预制柱安装进度，预制柱底部钢筋设置一根"诱导钢筋"用于快速定位。诱导钢筋比其余11根预留钢筋长20mm，设置在柱平面角部，用蓝色油漆做标识处理。吊装时，可快速将同样标注蓝色的柱底套筒对准诱导钢筋，明确柱的安装方向。

（2）套筒灌浆连接应采用由接头型式检验确定相匹配的灌浆套筒、灌浆料。

（3）预制柱底部应采用专用坐浆料封仓，坐浆料强度大于预制柱混凝土强度一个等级。

（4）为保证预制柱整体连接受力及套筒灌浆质量，预制柱底部设置抗剪键槽，并在键槽处设置排气孔。

（5）套筒灌浆时应严格按产品说明搅拌灌浆料，并预留试块。

（6）套筒灌浆前应对灌浆套筒进行通水、通气检测，确保灌浆套筒畅通，避免杂物堵塞套筒。

（7）套筒灌浆时，管理人员旁站摄像记录留档，现场管理人员通过"观察法""持压法"和"体积法"检测套筒灌浆饱满度。

（8）本工程预制柱与钢梁采用干法连接，为避免钢梁安装时扰动预制柱及连接接头，故预制柱及钢梁安装并完成紧固后，再进行套筒灌浆施工。

项目率先采用出浆孔内窥镜检测法，对每根预制柱之间的竖向套筒灌浆质量进行100%检测，该项技术已被收录入国家标准《建筑结构检测技术标准》GB/T 50344—2019第4.7.9条中。

2.梁柱及主次梁水平连接

预制柱和型钢梁的连接、次梁与主梁的连接都是结构的水平连接，水平连接同样关乎结构的稳定性（图1-23）。在预制柱安装完成后便是进行预制型钢梁的吊装，型钢梁吊装前需要在预制柱预埋钢构件上安装钢梁托板及单侧连接板，钢梁托板与预制柱之间的连接通过预埋左右各2个高强度螺栓进行干法连接。单侧连接板与预制柱的连接通过预埋3个高强度螺栓进行干法连接。

图1-23　梁柱和主次梁水平连接

主梁与预制柱刚性连接，其安装流程为：测量放线→在柱端钢节点安装托板及连接板→吊装钢梁→高强度螺栓紧固→钢梁上下翼缘焊接→探伤检测。

梁柱节点连接施工时应注意，钢梁连接节点摩擦面不允许有铁屑、浮锈等污染物。高强度螺栓应当能自由穿入螺栓孔，不得硬性敲入，应用铰刀修正扩孔后再插入，禁止气割。

次梁与主梁采用铰接，连接技术是高强度螺栓干法连接；次梁就位后，直接利用高强度螺栓穿过一侧连接板、次梁和另一侧连接板，将次梁固定在主梁预留位置上，次梁定位调整后拧紧即可。

3.预制楼面构件与混凝土整体现浇

预制水平构件与混凝土整体现浇主要是预制阳台（空调板）、预制混凝土楼梯、开槽型不出筋混凝土叠合板以及带肋预应力混凝土叠合板等楼面构件与现浇叠合层混凝土进行整体浇筑。

利用塔式起重机吊装预制构件和型钢梁并灌浆后，待预制叠合板、阳台板（空调板）调整就位后便可进行板面钢筋的绑扎，在板面钢筋全部绑扎完成后对钢筋绑扎及模板安装进行验收，验收合格后统一浇筑混凝土。以叠合板为例，安装流程为：测量放线→设置独立支撑→吊具安装→起吊调平→构件就位→相关构件钢筋对位→安装完成（图1-24、图1-25）。

图1-24　预应力叠合板绑扎叠合面层钢筋

图1-25　预制楼梯安装（左）和预制阳台板安装（右）

预制水平构件与混凝土整体浇筑施工要点及注意事项主要包括：

（1）叠合楼板进场验收时，应严格按照设计要求控制带肋预应力叠合楼板反拱高度，同时检查预应力钢筋保护层是否破损。

（2）预制水平构件安装时，应先安装叠合楼板，后装阳台板（空调板），安装完成后楼板面上禁止集中堆载，如构件、钢管架等。

（3）钢筋绑扎时，根据在叠合板上方钢筋间距控制线进行钢筋绑扎，保证钢筋搭接和间距符合设计及规范要求，同时确保上铁钢筋的保护层厚度。

（四）机电管线安装

深化设计部按深化设计计划，综合各专业图纸绘制综合预埋图并报审确认。水、电、暖适每个专业组在施工前做好图纸研读、工艺方法和技术措施的准备工作。电气班组分三个班组，班组一负责强电管线预留预埋；班组二负责弱电管线预留预埋工作；班组三负责防雷接地焊接工作、人防区防护及预留套管制作安装。给水排水及暖通预留预埋各安排一个班组，工作为外墙、水池等防水套管制作安装，人防区防护密闭套管制作安装，给水排水、消防及暖通预留孔洞。

（五）装饰装修施工

装修施工阶段各专业交叉施工频繁，装修做法和设备安装之间相互牵制，加上部分材料、设备的供货周期长，各种不确定因素对工程影响很大。因此，在装修阶段必须加强与业主、设计的协调，制定详细的施工控制计划和材料、设备进场计划，合理安排各工序交叉、搭接的工艺流程，科学组织流水施工及有效利用施工机械设备及作业面等各种资源来优化过程控制，确保施工质量、进度和安全目标的实现（图1-26～图1-29）。

图1-26　教学楼走廊

图1-27　卫生间

图1-28　标准教室

图1-29　实验室

（六）重难点分析

坪山区实验学校南校区二期项目中，针对装配式建筑的施工重难点及应对措施有如下三点：

（1）总体施工平面部署。坪山区实验学校南校区二期现场红线内可用施工场地狭小，垂直运输构件总量大，单层吊次需求高；各个专业交叉作业期间，对现场堆场、道路、垂直运输布置有很高要求。

解决措施：设计单位参与平面部署工作，针对平面部署，对设计方案进行调整，达到设计、施工的最优化。考虑主体结构、机电及装修施工流水安排，以及塔式起重机、施工电梯的运力及覆盖范围，进行场区布置，使场区布置紧凑合理，减少二次倒运；结合总体施工部署，合理布置施工机械，对部分非主楼区域进行预留，保证材料场地的布置充足；地下室施工完成后尽快完成地下室侧壁土方回填工作，使场内道路尽快形成。

（2）构件吊装管理，合理安排塔式起重机运转。教学办公楼单层面积达到4400m²，需吊运安装的构件数量较多，吊装顺序计划要求高，最重预制构件为4.2t的预制混凝土楼梯。

解决措施：根据2栋及3栋教学楼预制构件的位置及重量、数量，对所需塔式起重机的数量和型号进行选型。第一，在型号上满足所有塔式起重机在建筑物轮廓线内的吊重能力不小于5t，第二，在数量上尽可能满足单层所有构件的吊次，最后，选择3台TC7030（50m）及2台TC7525（60m）作为装配式建筑垂直运输设备。

合理安排塔式起重机吊次，满足教学楼单层工期目标。提前策划预制构件吊装工艺及吊装次序，根据每层的施工时间排出每天每小时的工作任务，在预制构件吊装的间隙，固定时间穿插其他材料的吊运，合理、充分利用塔式起重机吊运能力。

（3）综合管线布置。机电系统多，管线多，地下室、教学楼等的管线、桥架非常密集。

解决措施：采用BIM技术进行管线综合布置设计。得益于项目设计阶段的BIM正向设计，组织了各机电专业进行深化设计和优化设计，对各专业交叉的部位进行标注，合理布置施工工序，对综合管线布置进行排布。并将Revit技术转化成指导实际施工的成果，如防碰撞测试、场地漫游、场地平面布置等。

五、综合效益分析

坪山区实验学校南校区二期项目结合多种创新技术的应用，对提升工程质量、推进科技创新与技术进步产生了较好的作用和影响，实现了装配式建筑"两提两降"（即提高质量、提高效率、降低消耗、降低成本）和"快、好、省"的目标，进一步促进了装配式建筑在学校建筑中的高质量发展。

（一）社会效益

项目快速解决了3240个中小学学位紧缺的"燃眉之急"，有助于快速补齐深圳市坪山区的教育短板，创造了装配式建筑学校项目新的"深圳速度"与"闪建模式"，为深圳市坪山区的快速发展作出了贡献。本项目还获得"十三五"国家重点研发计划绿色建筑及建筑工业化重点专项示范工程项目、深圳市"十三五"工程建设领域科技重点计划（攻关）项目、广东省装配式建筑示范工程、广东省建设工程金匠奖、深圳市优质工程金牛奖等多个奖项。

（二）经济效益

项目加快了施工进度，仅用时10.5个月便实现竣工初验，及时交付校方，与传统模式相比，工期节约近50%，平均每天用工人数减少约30人，大幅缩减了项目周期，减少了大量的人工成本和时间成本。本项目总投资金额为6.16亿元，其中建安费为5.27亿元，每平方米的建安费约为5194元/m^2，相比同期现浇结构的学校项目，建安费平方米指标节省约600元/m^2。

项目采用装配式建筑技术，装配率达76.6%，预制率达66.5%，主要在工厂标准化生产，避免了施工现场的大面积湿作业施工，节约施工用水、用电和现场临时用地面积，并大量减少了粉尘及噪声污染。同时，新型装配式钢和混凝土框架结构体系使得项目节约了超过200m³的混凝土，350m³的砌块，在文明施工、节能减排和环境保护等方面达到了国内领先水平。

六、结语

坪山区实验学校南校区二期项目充分利用了项目总承包单位在研发（Research）、设计（Engineering）、制造（Manufacture）、采购（Procurement）和施工（Construction）等全产业链的综合实力，运用了装配式建筑"REMPC五位一体"的总承包管理模式，较好地整合与优化了资源，仅用超短工期完成竣工。本项目在设计之初，根据装配式学校建筑的特点，自主研发并应用新型装配式钢—混凝土框架结构体系，通过标准化设计方法，对建筑物的模数及构件的尺寸进行统一优化和协调，实现了预制构件与部品通用性的最优化，较大程度地减少了模具的数量和成本，从而加快了设计、制造与施工速度，进而大幅缩短工期和降低综合造价，取得了较好的综合效益。

02

深圳市梅丽小学腾挪校舍项目

□ 建设单位｜深圳市福田区教育局

□ 代建单位｜深圳市天健（集团）股份有限公司

□ 系统及方案设计单位｜香港元远建筑科技发展有限公司

□ 设计单位｜深圳市建筑设计研究总院有限公司

□ 施工单位｜中国建筑一局（集团）有限公司

□ 工艺深化单位｜深圳元远建筑科技发展有限公司

□ 结构复核单位｜奥雅纳（Arup）工程咨询（上海）有限公司

□ 监理单位｜深圳市大兴工程管理有限公司

□ 构件生产单位｜河南嘉合集成模块房屋有限公司

一、项目概况

（一）项目背景

近年来，深圳市人口增速很快，人口的快速增加造成教育资源供给不足。校园升级改造与扩容迫在眉睫。传统校园改扩建常采用"边拆边建"、原地安置师生的方式，这种方法弊端很多：日常教学与新校舍施工互相干扰，安全隐患多，还严重掣肘新校园布局规划与空间设计，施工难度加大，品质更难保证。结合新型轻量装配式钢结构建筑系统，以梅丽小学为代表的一系列过渡学校不仅可解决这一典型问题，同时还将为深圳的绿色发展、可持续开发提供更为多样的创新路径（图2-1）。

图2-1 学校航拍图

（二）用地情况

深圳市福田区梅丽小学由于改扩建需要，原有学校在施工期间将无法提供正常的教学环境，迫切需要在周边就近寻找用地安置学生作短期教学过渡。

腾挪校舍借址于规划预留的城市公共绿地，场地西侧为上梅林地铁站，用地西北两侧为市政路，东侧为临时办公楼，南侧为驾校训练场。它距离学校原址直线距离不足500m，满足了学生就近入学的需求（图2-2）。

图2-2 规划用地区位图

(三) 规划设计指标

梅丽小学腾挪校舍群落有五栋双层建筑，以正交网格定位，东西走向的两栋教学楼贴南北红线布置，综合楼及办公楼以不同间距分组插入在南北楼之间。建筑间距疏密变化，结合单坡屋檐朝向的变化，自西向东围合出四个不同的室外空间：朝街开放的游乐广场、狭长向内的服务院子、向心凝聚的运动庭院、安静的绿植庭院。建筑之间还植入篮球场、两段直跑道及环形跑道（图2-3）。

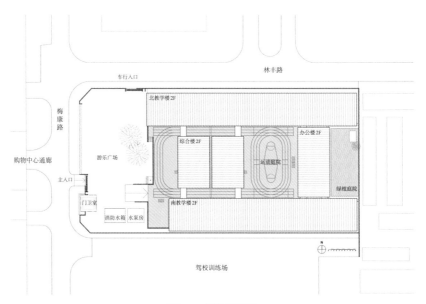

图2-3 项目平面图

梅丽小学原有教学班33个，学生1500多名，改扩建的两至三年期间需全部在腾挪校舍中学习及生活。在7500m²的腾挪用地上，排布了5390m²的教学建筑，可提供超过1550个学位，满足学校基本的教学、活动与运动需求（表2-1）。

经济技术指标表　　　　　　　　　　　表2-1

项目	数量
总用地面积（m²）	7473.98
学校规模（班）	33

深圳市教育类装配式建筑项目案例汇编

项目			数量
总建筑面积（m²）			5390（6160）
其中	地上建筑面积（m²）		5390
	其中	普通教室（m²）	2170
		专业教室（m²）	310
		行政办公（m²）	650
		卫生间（m²）	350
		服务辅助（m²）	110
		交通活动（m²）	1800
	地下建筑面积（m²）		0
设备空间（m²）			770
容积率			0.72

（四）装配式建筑技术应用情况

梅丽小学腾挪校舍采用了新型轻量装配式钢结构建筑技术，建筑由标准模块单元组合而成，建筑高度10m，采用钢框架与剪力框格混合受力的钢结构系统，使用了钢结构、钢楼板、钢木复合墙板、预制外挂墙板、幕墙系统、预制设备模块、BIM、"建筑—结构—装饰"一体化装配式建筑技术。

轻量装配式钢结构建造系统具有以下特点：

（1）优异的抗风抗震性能，建筑自重约为传统钢筋混凝土建筑的30%，地基要求限制少。

（2）采用标准模块和通用构件，整个校园根据教室模数采用唯一的模块单元（9.6m×11.4m），通过墙面、地面及其他插件的组合变化成不同功能模块，可灵活搭配使用。

（3）地上主体建筑装配率超90%，结构、屋面、楼面、墙面、隔断、水塔水箱设备等均为预制生产构件，主要构件的标准通用，也允许反复拆装及重复使用，重复使用率高达95%。

（4）施工现场干净整齐，施工过程快速便捷，全螺栓连接，现场无焊接、无污水、无粉尘、噪声小，符合绿色、低碳的要求。

二、设计

（一）功能空间

校舍空间独创性地设计了双廊道与环状组合布局。既尊重小学生好动的特性，也遮蔽直射阳光与辐射热能，并利用反射、漫射光线提供日间良好照度。教室通风良好，空间方正通用，设备集成度高。庭院还保留了原有树木，并以运动、草坪等不同主题强化场所（图2-4～图2-8）。

两栋南北朝向建筑布置使用频率最高的教室。东西朝向的建筑布置电脑室、功能教室、办公室、卫生间以及其他辅助用房。教室两侧设有宽敞走廊，外廊环通各栋楼。双廊系统创造出多种回环路径，它们不仅串联相邻教室，也连通各个庭院，结合五组外挂楼梯，通达各处十分便捷。多样的流线以及步移景异的设计，为学生、老师创造了趣味十足的课间活动与休憩场所。

双侧走廊视野宽阔，方便教师观察孩童活动。小尺寸杆件令结构与窗檩融合，教室空间更显开敞明亮，通过变换墙体组合，标准教室

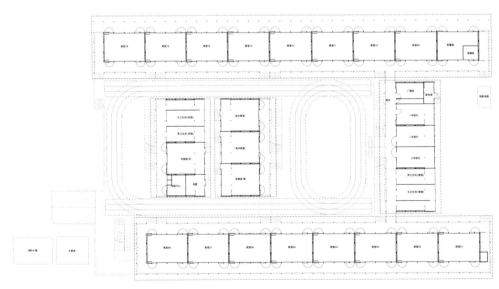

图2-4 首层平面图

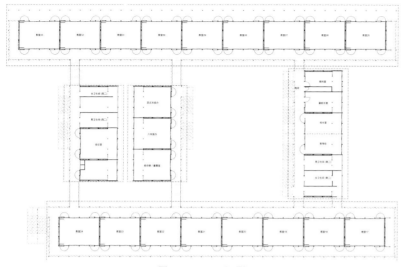

图 2-5 二层平面图

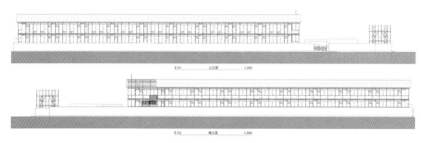

图 2-6 立面图

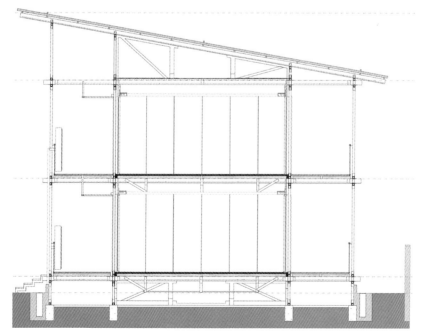

图 2-7 剖面图

图2-8　学校内院图

单元即可转换成不同功能单元。卫生间布置在校园环形流线的对角位。每层布置两组卫生间模块，卫生间采用可自然通风的U形玻璃外立面模块，清除异味也减少维护工作量。

（二）结构创新

项目结构体系使用钢框架与剪力框架混合受力的结构系统，重力体系采用2.4m间隔的框架结构，每榀框架中，教室内部6.6m主跨通过张弦组合梁传递到两侧的立柱上，2.4m宽走廊外侧增设立柱。所有立柱层间不连续，仅以二力杆形式上下端铰接，仅承担由主梁传递的重力。三个方向的杆件纵横交错层叠，秩序井然，系统受力清晰明了（图2-9）。

剪力框架构件由矩形钢管在工厂焊接成型，此构件中的斜向杆架形成桁架，大幅提升框架的抗弯与抗剪性能。框架构件在平面中均匀布置，集中抵抗水平侧力。楼板下设置水平交叉拉索提高平面内刚度，保证水平力顺利传递到每间教室单元转角纵横两个方向布置的剪力框架处。垂直力流与水平力流分离，各结构构件各司其职，以密度换取强度，以小断面杆件实现较大跨度，系统解决多层预制装配结构体系抗震、抗风等关键性技术难题（图2-10）。

楼板模块采用钢框与蒙皮复合结构，刚度好，自重轻，达到每

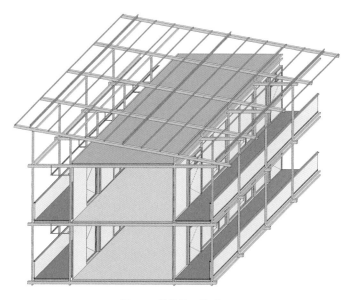

图2-9　模块单元模型图

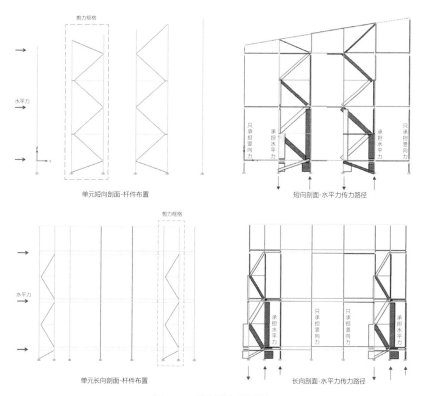

图2-10　结构受力分析图

平方米6KN承载力。由于设计余量大，配合隔振垫与木基复合板材的使用，有效地解决学校建筑抗震与隔声要求。而且无须后浇筑或焊接，因而便于拆移与循环使用，这是传统装配式建筑中现浇混凝土楼板或叠合楼板等水平板系统所不具备的优势。

区别于"强柱弱梁，连续柱分段梁"的常规结构系统，特殊的结构受力系统优先考虑如何快捷安装及便利生产，因此，所有运抵现场的构件均采用螺栓连接的铰接节点。需要抗侧力补强的位置，提前在工厂焊接成整体框架，现场以加密的螺栓将多层层叠的剪力框架拉结成整体以抵抗侧推力（图2-11）。

梁柱框架与剪力框架混合受力的创新结构系统，由多家机构复核，通过整体建模、典型节点模拟及震动模拟等方式验证此结构可满足结构安全及使用舒适要求（图2-12～图2-14）。

图2-11 节点模型图

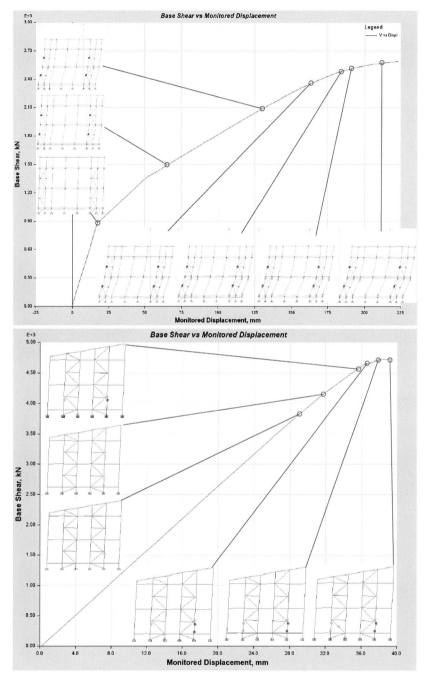

图2-12 弹塑性复核

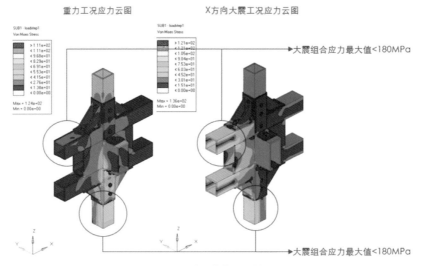

重力工况应力云图　　　　　　X方向大震工况应力云图

→ 大震组合应力最大值<180MPa

→ 大震组合应力最大值<180MPa

图2-13　典型节点工况模拟

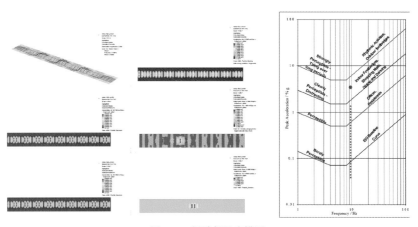

图2-14　振动舒适度模拟

（三）一体化设计

由于工期较短，整个建筑采用了高度统一的标准模块建造，模数系统兼容工业制造和功能使用两方面的需求，教室单元平面尺寸为9.6m×6.6m，两侧外加2.4m宽的廊道空间，层高3.6m。网格尺寸与空间设计有效整合，避免了常规设计由功能决定柱网导致的杂乱与零碎。结构立柱间隔2.4m，以简单数列重复排列，纤细的白色钢管构件直接外露，杆件清晰表达建筑的建构逻辑。钢立柱、钢梁、钢楼板与其他外露的结构构件同样喷涂白色薄型防火涂料，在实现简洁结构外露的形式语言的同时，满足学校消防二级耐火等级要求。

　　项目通过调整预制墙板布置，单元可灵活变化面宽和进深以适应各种房间需求。隔墙采用集成了装修、保温、隔声、防火、防水等功能的预制复合板式构件，利用榫卯槽口连接，一次安装成型，避免了室内二次装修耗时耗工及污染防护问题。

　　通透的落地玻璃围护与结构分离，后退至立柱之后，无须额外覆盖修饰。室内双层屋顶下通风层放置室外空调机等设备，也收纳机电设备管线，底部架空层铺设水平消防管道，白色的强弱电线桥架与走廊灯带及班牌标识系统整合，明露布置在走廊上空，整洁又便于检修。

　　室内用色配合学校旧家具，天蓝色的背墙与课桌椅统一，墨绿色的黑板墙与黑板构成暗色调的U形讲台空间。室内装修高度一体化，结构张弦梁下端藏有节能LED灯管，漫反射照明让室内光线更柔和，顶棚四周白色收边件兼有窗帘轨道、线槽及灯带作用（图2-15）。

图2-15　整洁透亮的教室室内

(四)信息化协同

梅丽小学腾挪校舍探索了BIM工程信息化、设计中综合考虑制造与建造,集成关键加工和施工技术,保证了优质工程能在建设周期短、工程预算紧的情况下顺利完成。设计全过程采用建筑信息模型(BIM)统筹,节省优化周期,消灭图纸差错,保证信息精确传递。通过BIM设计,设计团队于三维及二维的平面图、剖面图和立面图上实时切换工作。直观的三维模型确保设计团队有效把握设计效果,而集成所有信息的模型亦帮助设计团队确保各种构造的一致性。

项目采用的BIM技术不仅应用在生产及建造阶段,还向前及向后延伸至业主决策及项目审查阶段。由于图形和模型相互关联,文件及细节都能同步一致,精确而高效的信息传递减少各参与团体的误读,大大提高了项目的执行效率。从规划、设计、制造、建造到审查,BIM的应用让团队及单位之间的互动和沟通更加直观且顺畅,也包容了很多常规项目上的不可能:前期工作平行推进,设计与审查工作的折叠与压缩,不同工作群体的快捷反应与联动(图2-16)。

图2-16 BIM统筹设计、生产及建造

三、生产与运输

（一）构件生产

梅丽小学腾挪校舍的构件形状为杆件与板材，类型标准通用，工艺设计充分考虑加工制作、运输、安装及回收的可行性，围绕加工设备及市场材料供给条件展开，设计流程也不同于传统线性的操作，由建筑师、工程师及制造施工方联合工作，反复优化系统、构件与节点的设计，构件种类少，以保证加工的高效率、高精度。

早在方案确认之前，设计师就与规划及使用部门确认好整个建设链条的关键时间节点：立项定案、招标采购、报批报建、生产制作、现场施工、腾挪搬迁、交付使用，并以此计划为核心限制，提前召集结构和机电工程师、潜在供应商和制造商，以及有实力的施工团队，一起制定可行的预制生产和建造方案，并倒排节点。所以，腾挪学校的建筑方案除了满足学校必要使用功能外，都是围绕如何使用市场易采购的常规原材料、可以快速加工的结构形式与构件、可在局促场地内便捷组装的模块类型以及安全环保且无污染的建造方式这四个核心问题展开设计。设计从方案推进到最终实施的施工图过程中的每一轮深化调整，建筑师、工程师、生产方和施工方始终作为一个整体团队，反复快速迭代更新方案，互相牵制又互予便利，这样能有效规避单方面最优而综合效果并不佳的情况，提高了项目执行的可实施性和完整性。

"设计—制作—施工"兼顾的原则也反向定义了材料的采购与制作。整个结构体系仅使用了适合于激光加工的轻量矩形钢管断面，预制部件预制化程度较高。构件的精度被严格控制在误差范围内，可以满足现场快速螺栓连接、调整及固定的需求，因此在加工工厂中，所有杆件均采用数控相贯线切割机开孔及切割，通过把电子工艺模型导入电脑，环管激光切割的加工方式实现了多面同步的毫米级别误差控制（图2-17）。

图2-17 激光加工构件

项目主体钢框架仅选用80mm×80mm及80mm×160mm两种规格的矩形钢管，因此两种规格的钢管在满足结构设计要求的前提下，能实现通透的空间效果，且便于高精度纵贯线环切设备切割加工，杆状构件还有利于节省运输和堆放空间。严格限制材料的种类也将大大提高加工效率和构件的通用性，确保项目后期可实现搬迁及拆装重复使用。

钢架构楼板模块采用钢框与蒙皮复合的结构保温板构造，由工厂经焊接、填塞及冷压压制而成，整体性好且表面平整。首先矩形钢管被焊接成4.8m长的田字形框架，空洞处填满保温板材后两面覆盖薄钢板并焊接粘牢固定，最后冷压成为一整体受力的板式构件。

预制墙板同样也是由骨架及多层蒙皮组合而成的结构保温板构造（SIP），出厂成品集成保温、防火、隔声和装饰等效果。实木框架填充保温材料后，通过专用黏结剂与定向刨花板连接成受力整体构件后，再逐层覆盖功能层及表面装饰。与更多需要考虑防震动的楼板构件不同，墙板需具备更多适用性及复合功能，以便使用方后期调整功能时灵活变换布局。

（二）运输及堆场

腾挪校舍的预制构件总装生产基地选择在河南省，主要选用9.6m及13.5m长的构件，平板拖车共分40余批次运抵深圳安装现场。预制构件均采用规则形状的杆状或板状构件，这一早期就制定的设计原则有效提升了运输效率和现场堆放的便利性，而且因为构件都为规则的平面构件，所以只需码放整齐，并在构件间加铺保护膜即可避免磨损和碰撞损坏。在工厂出货前，设计师和装箱员均根据重量及几何形状规划模拟装车，实现运输和存储空间最大程度的节约。

场地建筑基本满铺，但因为现场地面以上的施工无湿作业，所以场地相对干净平整，分批到场的构件可根据安装次序反向累叠，避开施工通道及吊车区域，码放在中间运动场及待建的基础之上。

四、施工

（一）施工进度计划

项目具体执行过程中因用地、合约及资金等原因，生产及安装进度比计划要延长，最终执行情况如表2-2所示：

主要时间节点工期表 表2-2

项目名称	工期	开始时间	完成时间
工厂样板间试样	30天	2018年5月15日	2018年6月14日
预制构件生产	90天	2018年6月15日	2018年10月14日
基础施工	60天	2018年7月10日	2018年9月10日
主体安装	120天	2018年8月1日	2018年11月30日
机电安装	60天	2018年9月5日	2018年11月5日
室外及景观工程	75天	2018年10月1日	2018年12月15日

除赶工时期外，正常施工期间现场施工人员工种主要为钢结构预拼装2班组各3人，钢结构安装2班组各5人，木构件安装3班组各4人，门窗安装工人2班组各3人，地板铺装2班组各3人，屋面安装1班组共4人，吊装2班组各2人。

（二）平台式施工法

学校使用的轻量装配式钢结构系统围绕腾挪创新研发，它区别于一般钢框架体系，借鉴了木结构建造中的平台框架（platform-framing）系统。其特点是立柱各层独立而非连续一体，每层楼盖形成平台后，再层层往上搭建。这类似于古代楼阁与木塔的营造——立柱由楼高决定，梁成为水平框架，再与楼板拉结，作为上层建造的基座。

施工采用非连续柱平台法施工法，以模块为单元，逐层逐间依次搭建，每层的楼板作为上一层的施工平台，省去传统连续柱施工方法中大量的脚手架和器械使用，且施工高度相对低矮，容易操作且安全。构件运抵现场后仅需要通过螺栓和螺丝等机械连接安装。

材料运抵现场后，杆件会被拼合成梁柱框架，施工时框架被起吊就位，工人只需要在半空中调整一个维度即可定位，并用螺栓锁紧，极大减少了工人现场的工作量与高空危险作业时间，省去脚手架等施工辅助设施。由于现场施工极为便捷安静，夜间及不良天气时均可装配。

平台式施工的具体安装步骤为（图2-18、图2-19）：

（1）将主钢地梁与预埋在混凝土条形基础的拉锚螺栓对孔布置后，与其他联系地梁栓接，以楼栋为单位调平调正后栓紧固定，并调节拉紧交叉水平拉索。

（2）以双层教室模块（9.6m）为单元，按地面架空层桁架剪力框与立柱、首层次梁、首层钢楼板、首层桁架剪力框、首层立柱、首层顶棚次梁、二层地面主梁、二层地面次梁、二层钢楼板、二层桁架剪力框、二层立柱、二层顶棚次梁、屋面架空层主梁、屋面架空层次梁、架空层钢楼板、架空层桁架剪力框、屋面架空层立柱、屋面次梁、屋面主梁、屋面檩条、屋面板、屋顶压梁的次序，从下至上逐步安装构件，调平调正后螺栓上紧，并拉紧所有水平交叉拉索。

图 2-18 便捷的施工现场

图 2-19 钢框架构件的吊装

（3）安装完成一个模块单元后，重复以上步骤继续依次安装侧面另一单元，当一整栋楼单元模块安装完毕后，整体修正调平调正。

全装配模块系统不仅实施迅速，而且规避现场浇筑、切割和焊接等不可逆的安装工序，建筑拆装同样便捷。附属的围墙栏杆、水塔、门卫室及消防水箱也采用了标准化和模块化的设计，合理规划排布于地面而非消极埋于地下隐藏，安装十分快捷。它们同主体房屋整体一样，附属的构筑物未来均可灵活调整，反复拆装，循环重用。

（三）构件的安装连接

1. 轻量钢框架

钢节点连接形式类似于传统木结构的斗栱方法，层层累叠，通过连接板、螺栓等传递内力，既保证结构的安全性，方便生产加工，也有利于快速的建造安装。现场钢结构的安装节点均采用螺栓连接，工人使用轻便的电动工具即可方便操作。这种机械连接的优点还有现场无焊接、无湿作业、无粉尘，夜间及不良天气时均可装配（图2-20）。

2. 楼板

楼板节点采用多层复合板的构造，教室地板从下至上为防震垫、钢结构楼板、隔声垫、木复合楼板及PVC表面层，走廊地板从下至上为防震垫、钢结构楼板、自粘型防水卷材及架空塑木地板。钢楼板通过承托件与主体钢梁固定，上铺其他层次的水平楼板构件。多层构造满足学校日常使用需求的同时，完全省去了常规建筑的混凝土浇筑工序，减少污染，节约时间，且确保了水平构件可以完整回收重用（图2-21）。

3. 墙板

隔墙插件选用整个各功能层的预制复合板式构件，一次安装成型，避免了室内二次装修耗时耗工及污染防护问题。两个教室单元模块中间的横向的钢剪力框格构件两侧，分别布置两面复合墙板作为教室的前后墙，墙板通过地面C槽及顶部的钢梁连接板固定，墙板之间利用榫卯槽口连接（图2-22）。

图2-20 钢框架典型节点模型

图2-21 钢楼板安装过程照片

图2-22　墙板安装过程

4.卫生间模块

卫生间模块与教室功能模块采用类似的墙面及地面构件安装方式，在防水瓷砖墙面层材质下也增加了防水涂层构造。预制的钢地板与木地板构件在工厂已预留好上下水管道的洞口，现场组装后即可进行水电安装，无须现场再放线开孔处理。

5.其他附件

其余附件如楼梯、连桥、水塔等，也采用与主体结构相同的型材，保证构件以相似的逻辑拼合而成，连接方式同样采用螺栓连接，确保可完整回收重用。

（四）施工重难点分析

本项目的关键难点为周期极短、场地面积极为有限、全预制安装的误差控制、外墙及走廊防漏。应对这些难点，施工重点采取以下措施应对：

（1）"生产—施工"采用根据安装先后次序分批安排生产、流水发货、到货即安装的紧凑节奏。这样生产和施工平行推进的折叠组织，既能压缩整个项目周期，又能有效节约场地堆放空间。具体次序为：现场进行场地平整及基础施工的1个月期间，工厂生产首两栋的主体钢结构及墙地板构件；安装首两栋后，按4个单元为一组的节奏，以5天为一个周期依次陆续发货，实现现场安装及生产的无缝衔接。

（2）后期墙板及附属构件的安装则采用分楼栋错位，各工种同时在不同楼栋分步施工的方式，减少交叉施工的相互干扰。

（3）误差的控制则通过等比例的试样预先判断误差范围，设计深化过程中根据结构要求，采用毫米级别与厘米级别的不同冗余预留安装缝隙，以便现场安装调节。同时，楼栋之间的连接等误差积累放大最明显的部位，经现场实测后反馈工厂按现场实际情况定做变体构件。

五、综合效益分析

（一）社会效益

梅丽小学腾挪校舍项目通过多层次的竭诚合作，开放式的过程参与，广泛动员了专业力量、行政决策部门、师生家长以及社群邻里等各方力量。腾挪校舍于2018年12月搬迁开学，由于敞亮舒适、品质良好，获得公众、媒体、师生、家长的广泛好评，也获得深圳市政府领导赞誉——"小项目大作为，小天地大文章"，市政府亦组织相关部门研究腾挪模式配套技术与政策改革方案，编制了"深圳市腾挪建筑建设研究"专题研究，以更好地组织推动深圳乃至粤港澳大湾区的可持续发展。腾挪项目既是建设工程，也是教育项目，更是重建社会凝聚力的桥梁。

2019年1月22日，来自建筑、结构及工程管理等专业的专家、学者到访梅丽小学腾挪校舍，在现场听取关于设计策略和项目进程的汇报。孟建民院士认为腾挪校舍代表了深圳的创新能力与改革精神，结构设计逻辑巧妙，美学表达非常理想；香港大学的王维仁教授认为项目继承了中国传统木构建筑的组织逻辑与建造精髓，结构和空间高度一体。

项目作为深圳乃至全国首批装配式建筑腾挪学校，荣获2019年广东省优秀工程勘察设计奖科技创新项目一等奖，2020年WA中国建筑奖—社会公平奖佳作奖。

（二）经济效益

梅丽小学腾挪校舍主体建设周期为90天，项目造价约为6000元/m²。项目选用的模块化产品可实现整体搬迁并异地组装以适应新的场地及使用功能，80%以上的构件均可重复拆装使用，并且构件标准通用，可灵活适应后续应用的功能及空间需求变化。多轮次重复使用可极大降低后续建设成本且缩短建设周期，经测算，除去场地及基础市政供给配套外，每次搬迁、维护及重装的成本约为原生产建造成本的30%。折合计算相当于两轮次建造的单方造价为4500元/m²，三轮次建造的单方造价为4000元/m²，即三轮次后平均建造成本不足传统校舍的70%。对于空间品质有需求的短期过渡型公共建筑或临时建筑而言，高比例可重复拆装建造的装配式建筑产品具有优异的经济效益，大大降低了政府应急举措的投资成本及不明确用地试验性开发的试错成本。

（三）环境效益

项目地面以上实现了零混凝土及90%以上的装配率，并且施工过程中无焊接、无污水、无明火、无烟尘、低噪声，现场安装快捷易控，安静环保，对周边的干扰极低。位于高密度城市建成区的项目，在整个建设过程中实现了零投诉，且获得周边居民的赞誉。

由于建筑自重每平方米不足300kg，仅为传统建筑的1/5，建筑采用浅埋深的小断面条形基础，既避免了土方的搬运与回填，大大缩短了工期，也最大限度地减少了对土地的扰动及破坏。

梅丽小学腾挪校舍的建造模式表明，当学校变轻，用材会减少；当制作回到工厂，浪费会降低；当房屋可搬迁，土地以更多形式被使用。资源将不再是粗暴的初级开发，而是以细致的方式加以配置。当资源的使用得以延长，缓慢到自然能够还原的速度，有望实现人类和自然的可持续发展。

六、结语

梅丽小学腾挪校舍的整个建设过程采用建筑师负责制的操作模式，从规划立项、筹备组织、方案设计、工艺深化、报规报建直到现场建造的全部流程都由一个建筑师领衔的联合团队统一管理，保证了决策执行效率的高效，降低了管理的成本及风险，同时项目的计划和目标可自始至终得以贯彻落实，是建筑师负责制的一次成功实践。

腾挪校舍建造采用了新型轻量装配式钢结构建筑系统，该系统具有可循环使用的特点，对于当前深圳大规模的学校改扩建工程中的异地腾挪项目具有极强的实用价值，多次利用可使成本明显下降，并且十分符合环保、无公害、低环境影响的时代要求。同时项目结合了创新的规划理念、BIM信息管理、高效的组织管理模式，这种腾挪学校的建造模式不仅可解决学校升级改造这一典型问题，还将为深圳的弹性发展、可持续开发提供更为多样的创新路径。

03

深圳市大磡小学新校舍项目

□ 建设单位｜深圳市南山区建筑工务署

□ 代建单位｜深圳市万科城市建设管理有限公司

□ 工程总承包单位｜中建科工集团有限公司

□ 勘察单位｜建设综合勘察研究设计院有限公司

□ 设计单位｜广州博厦建筑设计研究院有限公司

□ 监理单位｜深圳市中行建设工程顾问有限公司

一、项目概况

（一）用地情况

原大磡小学位于一级水源保护区内，为响应水源保护区2018年的拆除治理任务，需在极短工期内完成大磡小学新校舍项目的建设任务，保障1600余名师生正常开学。若采用传统做法，工期约为1年，经多方综合研讨，决定采用装配式钢结构建造方式，工期缩短为138天，确保项目提前投入使用。

本项目规划用地面积为2.59万 m²，位于深圳市南山区大磡福丽农场内，东边为大磡一村及大磡科技园，南边为西丽水库，整体地势为北高南低，呈阶梯状分布（图3-1、图3-2）。

图3-1　项目实景图

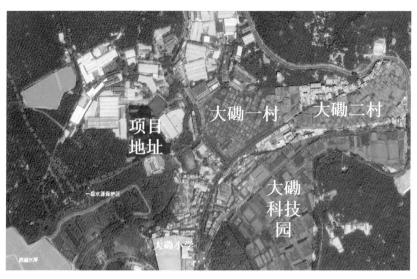

图3-2　项目区位图

（二）规划设计指标

大磡小学新校舍项目共分为7座单体建筑，分别为1号教学楼、2号多功能综合楼、3号教学楼、4号后期综合楼、5号设备房、6号运动场器材室及8号配电房。

项目建筑面积7609.15m²，其中教育级辅助用房面积6573.22m²，报告厅面积319m²，食堂面积338.52m²，设备用房面积333.05m²，消防控制中心面积45.36m²，容积率0.29。项目规划普通教室30间、功能室16间、办公室11间、报告厅1间、教职工食堂1间及运动场等（图3-3）。

（三）装配式建筑技术应用情况

项目装配式建筑实施范围为1～4号楼，采用装配式钢框架结构体系，楼板采用钢筋桁架楼承板，围护墙及内隔墙采用蒸压加气混凝土墙板（ALC），预制钢构件类型包括钢结构柱、梁。采用装配式钢框架结构体系建造的学校，其钢结构强度高，自重轻，具有抗震性能优异、建造速度快、施工环保等独特优势。本项目依据《装配式建筑评价标准》GB/T 51129—2017计算，装配率为70.2%，被评为A级装配式建筑项目。

2号教学楼
普通教室、多功能厅
建筑面积约3300.53m²
建筑高度7.9m
用钢量约260t

3号教学楼
普通教室
建筑面积约873.31m²
建筑高度8.07m
用钢量约90t

运动场面积约7000m²
200m标准跑道

5号设备房
消防水池、电机房
建筑面积约257.1m²
建筑高度4.1m
用钢量约22t

4号后勤综合楼
食堂、医务院
建筑面积约779.68m²
建筑高度8.13m
用钢量约60t

1号教学楼
普通教室、多功能厅
建筑面积约2298.53m²
建筑高度5.8m
用钢量约200t

消防车道
全场约255m
高度11.8m
车道宽6m

图3-3 项目平面布置图

二、设计

项目的设计方案结合了装配式建筑的特点，通过采用"四个标准化"（即平面标准化、立面标准化、构件标准化、部品标准化）设计技术体系，将建筑与结构、机电、内装等专业紧密合作，同时采用BIM技术实现了全专业、全过程的一体化的正向设计，体现了标准化、一体化的集成设计理念，为项目实现快速建造、满足极限工期要求打下了坚实基础（图3-4）。

（一）建筑设计

1.基本模块标准化

项目以标准柱网为基本模块，实现其变化及功能适应的可能性，满足其全生命周期使用的灵活性和适应性。项目根据使用功能、人流走向和空间美学，以数个标准化模块，组合成灵活多变的平面布局。

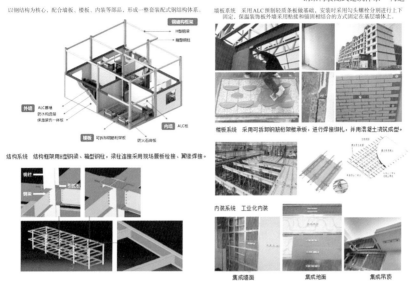

以钢结构为核心，配合墙板、楼板、内装等部品，形成一整套装配式钢结构体系。

墙板系统　采用ALC预制轻质条板做基础，安装时采用勾头螺栓分别进行上下固定，保温装饰板外墙采用粘接和锚固相结合的方式固定在基层墙体上。

结构系统　结构框架用H型钢梁、箱型钢柱，梁柱连接采用现场腹板栓接、翼缘焊接。

楼板系统　采用可拆卸钢筋桁架楼承板，进行焊接绑扎，并用混凝土浇筑成型。

内装系统　工业化内装

集成墙面　　集成地面　　集成吊顶

图3-4　装配式钢结构建筑体系构造

本项目的教学楼根据各功能模块采用标准化设计，其标准教室均采用8.8m×8.1m的标准柱网和3.8m层高；4号楼主要采用8.8m×8.1m的标准柱网和3.8m层高，以上每个标准柱网为一个模块，其中4号楼每个标准模块由2个办公室组成。通过平面和立面标准化，从而使三个功能区的钢梁柱、钢筋桁架楼承板、楼梯等构件实现标准化（图3-5）。

2.立面标准化

在立面设计上，项目着重强调竖向线条，通过各竖向元素的适当重复，使整个立面在变化中达到一致的和谐。在立面材料选择上，综合考虑设计效果及成本等方面因素，主体墙采用灰白色装饰板及深褐色铝方通格栅等材料，将其大部分设计成工厂生产的标准构件，通过墙面色彩深浅变化，丰富空间层次，从而实现立面标准化（图3-6）。

3.构件标准化

项目采用的钢构件有：型钢梁柱、钢筋桁架楼承板、钢结构楼梯等。在构件的标准化设计方面，对建筑物和构件的尺寸进行统一协调处理，从而达到加快设计速度、提高工厂制作效率和施工效率、降低综合成本的效果（图3-7）。

教室方案：方案平面及鸟瞰图

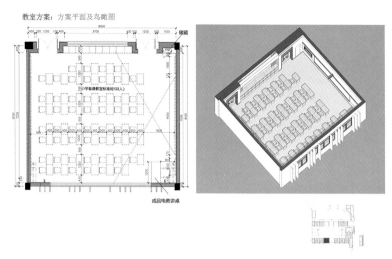

办公室方案：方案平面及鸟瞰图

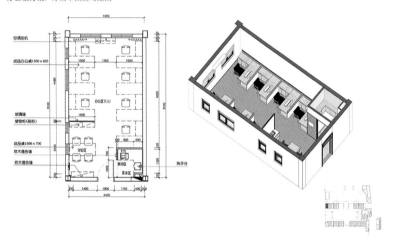

图3-5 平面标准化设计

图3-6 平面标准化与立面多样化的统一

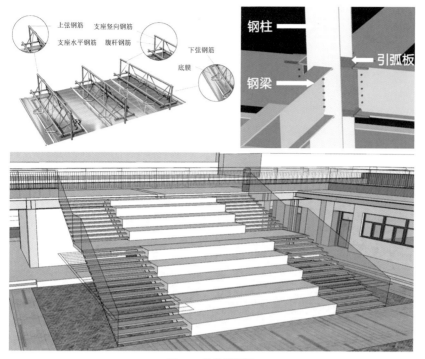

图 3-7　构件模型图

4.部品部件标准化

项目不仅在平面、立面、构件上实现标准化设计，而且对部品部件进行了标准化探索，通过对空调百叶、栏杆、吊顶、门窗等内外装饰品及功能性部品部件进行工厂化定制，可实现现场直接安装，大幅提高了装饰装修穿插的效率，体现了装配式建筑模块化、精细化施工的特点。采取装饰材料模数化，以及与末端点位组合模块化的这种方式，不但提高了生产效率，同时也避免了现场二次加工带来的材料浪费和环境污染等问题（图3-8）。

（二）结构设计

1.结构体系

大磡小学新校舍项目采用了装配式钢框架结构体系，其结构主要跨度为8～9m，层高多为4m。主体结构框架柱设计采用热轧箱型钢柱，主次梁选用H型钢，楼板采用钢筋桁架楼承板。教学楼按照设防烈度7度、抗震设防类别乙类、场地类别Ⅱ类进行抗震设计（图3-9）。

图3-8 栏杆与铝方通格栅

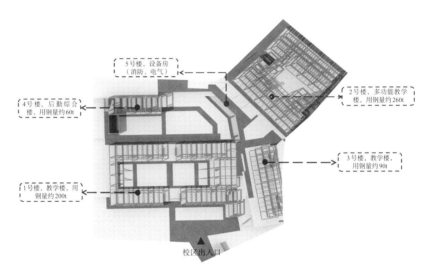

图3-9 项目钢框架结构体系图

主体结构构件尺寸方面：钢柱为热轧箱型钢，主要截面为400mm×400mm×12mm×12mm；钢梁为H型钢，主要截面为HN500mm×200mm×10mm×16mm；钢楼梯为热轧H型钢，主要截面为HN350mm×175mm×7mm×11mm；楼板采用钢筋桁架楼承板，主要型号为TD3-90，板厚为120mm。项目总用钢量约610t。

主体结构材质方面：钢结构主要为Q355、Q235级；钢筋桁架楼承板的混凝土等级为C30，钢筋采用HRB400级。

2.关键节点设计

项目梁柱连接节点采用了通用标准化栓焊连接。腹板采用螺栓连接，现场焊接量少，装配速度快。此外，相较于焊接临时施工固定措施来说，螺栓连接临时固定措施较为方便。梁柱节点、梁板节点、楼梯节点均采用标准化连接设计，不同节点处连接施工方式有机统一，加快施工效率。其中主次梁不等高连接采用纵横加劲肋板加强；梁柱节点采用楔形板加强框架梁与设有贯通式水平加劲肋截面柱刚性连接。图3-10为梁柱、梁板、楼梯等部位关键节点大样，各构件连接节点遵循的设计原则为等强原则。

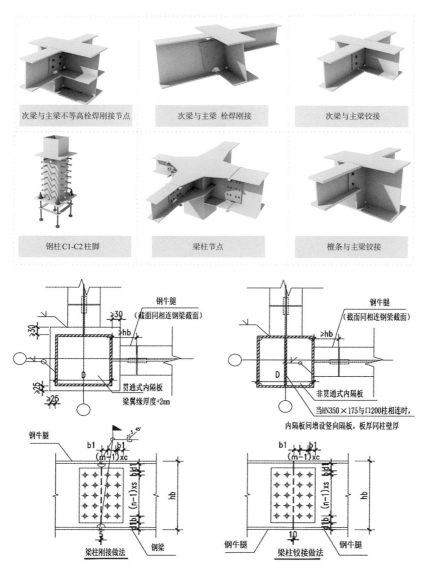

图3-10 关键节点做法大样图（1）

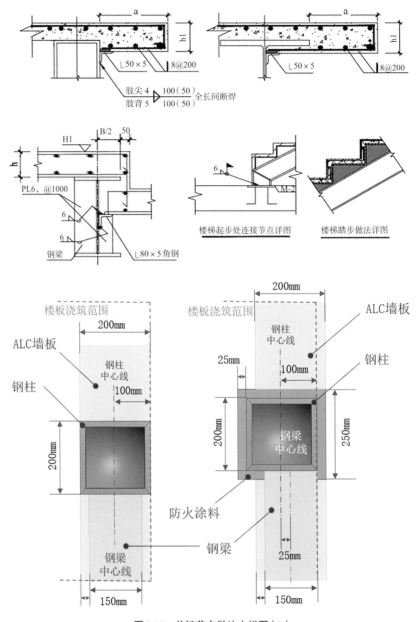

图 3-10　关键节点做法大样图（2）

（三）机电设计

项目的教学楼和食堂等均预留分体空调，强弱电设备房、机电设备管线系统采用集中布置，各楼层采用集中线槽分布至教室及功能间；照明等管线采用明敷，并通过局部吊顶设置线槽集中室内管线，再通过走道桥架集中到设备管井；走道桥架吊装在结构板下，通过吊顶方式进行装饰，达到美观的效果，实现机电管线与内装系统一体化设计。利用角落空间安装墙体管线槽，实现墙面机电管线与结构分离。少部分一次机电管线预埋在楼板内，一部分智能化线缆设置在包柱及地砖下（图3-11）。

图3-11　机电管线分离效果

（四）装饰装修设计

该项目的室内装饰装修设计主要采用了装配式装修技术，将各专业机电管线与结构分离，采用干式的施工工法，从而形成集成吊顶系统、墙面系统、单元门窗系统、给水排水系统、轻质隔墙系统、快装地面系统、架空地板系统、薄法排水系统，减少对传统工艺的依赖。墙面采用标准规格尺寸的木饰面、吸声板等快速安装材料；顶棚选用穿孔铝板、铝格栅、金属网格板、硅酸钙板、冲孔吸声板等工厂标准板块；地面采用PVC木纹地板、运动木地板及胶地板等。这些材料都可以在工厂标准化定制，材料到达现场可直接安装（图3-12）。

公共区域、各教学功能空间（普通教室、美术教室、音乐教室及公共教学用房）、办公及辅助用房及生活服务用房（餐厅、宿舍等）均进行了专项室内装修设计，同时着重对主要公共空间及共享空间进行个性化设计。项目交付时顶棚、地面、墙面的装修、固定家具和设备设施全部实施完成，已达到交付标准（图3-13）。

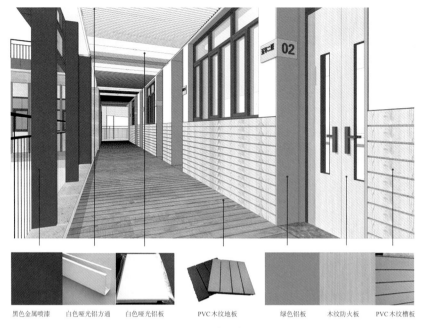

黑色金属喷漆　白色哑光铝方通　白色哑光铝板　　PVC木纹地板　　　绿色铝板　　木纹防火板　　PVC木纹槽板

图 3-12　装饰选材

图 3-13　教室吊顶效果

三、生产与运输

（一）生产环节

本项目框架柱采用箱型钢柱，尺寸规格包括：450mm×450mm×14mm×14mm、400mm×400mm×12mm×12mm、300mm×300mm×10mm×10mm、200mm×200mm×10mm×10mm，箱型构件主要为型材。钢梁采用H型钢，尺寸规格包括：HN600mm×200mm×11mm×17mm、HN500mm×200mm×10mm×16mm、HN400mm×200mm×8mm×13mm、HN350mm×175mm×7mm×11mm等。

箱型钢柱装配焊接工序相对简单，过程中插板装配焊接后，检查钢柱的直线度，焊缝检测合格后，进行火焰矫正。然后根据工艺文件和图纸确定箱型本体的长度和宽度方向的装配基准线，钢牛腿以钢牛腿中心线为定位基准，螺栓连接节点板和吊装耳板在长度方向以柱顶端铣面为定位基准。工厂制作焊接时采用焊接机器人及智能制造生产线，生产效率及产品质量大大提高（图3-14）。

图3-14 焊接机器人作业

（二）运输环节

为防止变形及表面涂层破坏，钢结构构件的制作、运输会在绑带捆绑位置使用土工布包裹、木方垫压等有效的保护措施，有效防止钢结构变形及表面涂层破坏等。本项目钢梁钢柱均不分段，钢柱最重2t，最长9m，钢梁最重2.3t，最长13m。构件的运输采用普通平板挂车即可，对运输无其他特殊要求。本项目距钢结构加工场的距离约为110km，钢构件加工完成后半天内即可送到施工现场。结合现场施工进度计划及材料进场计划，合理安排车辆分批次组织材料进场，保障构件材料满足施工需求的同时，不存在材料积压现象。

四、施工

（一）施工工艺

1.整体流程

本项目的装配式建筑建造工艺贯穿了主体结构、围护结构、机电安装及装饰等施工环节，装配化建造整体流程如图3-15所示。

图3-15 装配化建造整体流程

2.工程建造进度

本项目自2018年4月15日开工，至2018年8月30日完成竣工验收和移交。若按照传统施工方法，本项目总工期约需1年时间，采用装配式建造方法令工期大大缩减，自开工至全面移交仅用138天，工期节约62%（表3-1）。

项目工期进度表 表3-1

项目名称	工期	开始时间	结束时间
旧房拆除及加固	30天	2018年3月29日	2018年4月27日
基础施工	31天	2018年4月15日	2018年5月15日
主体及屋面施工	54天	2018年4月28日	2018年6月20日
二次结构及饰面	56天	2018年5月17日	2018年7月12日
机电安装	58天	2018年5月20日	2018年7月17日
装饰装修	62天	2018年6月19日	2018年8月20日
室外工程	110天	2018年4月30日	2018年8月17日
竣工验收	17天	2018年8月13日	2018年8月30日

3.主体结构施工

项目在设计时即充分考虑学校建筑的功能需求，在主体结构构件的布置方面综合考虑构件之间的空间距离与构件规格，以满足使用需求及结构受力要求。建筑结构框架主要采用H型钢梁、箱型钢柱，梁柱连接采用现场腹板栓接、翼缘焊接。楼板系统采用可拆卸钢筋桁架楼承板进行焊接绑扎，并用混凝土浇筑成型（图3-16）。

图3-16 主体结构施工流程图

梁、柱吊装：本项目钢梁钢柱均不分段，采用汽车式起重机高空原位吊装，钢柱最重2t，最长9m，钢梁最重2.3t，最长13m。采用25t汽车式起重机即可满足吊装要求（图3-17）。

钢筋桁架楼承板施工：在钢柱、楼层钢梁安装完成并经过检验合格后进行钢筋桁架板的铺设和混凝土浇筑施工。主要施工步骤如图3-18所示。

4.围护结构施工

本项目围护结构采用蒸压加气混凝土墙板（ALC）做基墙，总计工程量约9000m²。内墙主要采用200mm厚板材U形卡式安装，外墙主要采用200mm厚板材内嵌勾头螺栓做法。围护结构施工主要工艺

图 3-17　钢结构安装

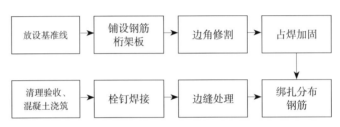

放设基准线	→	铺设钢筋桁架板	→	边角修割	→	占焊加固

清理验收、混凝土浇筑	←	栓钉焊接	←	边缝处理	←	绑扎分布钢筋

图 3-18　楼承板施工流程图

流程如图 3-19 所示。蒸压加气混凝土墙板典型连接节点三维图及安装效果如图 3-20、图 3-21 所示。

弹线放样	→	连接件固定、防锈处理	→	板材吊装、校正	→	连接固定、防锈处理	→	检查修补填缝处理

图 3-19　蒸压加气混凝土墙板施工工艺流程图

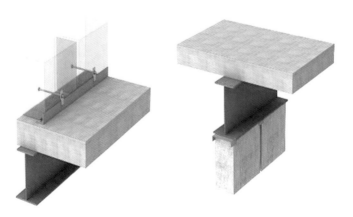

图 3-20　蒸压加气混凝土墙板典型连接节点三维图

图3-21　蒸压加气混凝土墙板施工在钢框架中的安装效果

5.机电安装

本项目在机电安装施工过程中，充分发挥装配式建筑施工优势，事先通过BIM技术进行管线综合优化排布，根据调整好的综合模型自动筛选出净高不符合设计规范的空间位置，并利用自动出剖面图辅助优化，有效地避免了后期施工完成后再遇到净高不足的问题。

本项目机电安装内容主要包括高低压变配电系统安装、动力照明系统安装、接地系统安装、火灾自动报警系统安装、通风系统安装、给水排水和消防水系统安装等。项目首先进行给水排水、消防水的管道安装工作，同时同步进行火灾自动报警系统安装及动力照明系统的电缆桥架敷设，然后进行通风系统的水平和竖向风管的安装，最后进行高低压配电系统的安装以及综合机电系统的调试工作（图3-22）。

6.装饰装修施工

本项目装饰墙面、顶棚、地面均实行标准化定制加工，首先在现场进行精确的测量放线，与施工图核实尺寸后根据要求开展深化排版，并对各板块进行编号，然后将施工计划交由加工厂进行大规模的工厂化生产，板块到现场之后直接根据深化设计排版图对号入座进行安装。

项目对装饰装修重点部位进行关注和质量把控，包括：重点把控蒸压加气混凝土墙板（ALC）与门、窗的固定节点及外窗防渗漏节点；外立面采用纤维板挂贴工艺，内墙面满挂耐碱网格布并采用弹性腻子刮贴防墙面开裂；首层地面及室外通道墙板根部做好防潮措施，室外楼梯铺贴侧面做好止水（参照卫生间设置挡水坎）；控制乳胶漆、PVC地胶（含胶水）、木饰面的材料环保指标，做好通风换气并在交付前做一次室内空气治理（图3-23、图3-24）。

图3-22　机电管线施工

图3-23　外窗防渗漏处理

图3-24　耐碱网格布刮贴防墙面开裂

（二）施工重难点分析

1. 场地复杂

项目整体场地复杂，处于三面高的一块洼地，边坡治理及挡土墙工程作业量大，周围厂房均较施工场地高，场地最大高差达14m。项目通过BIM技术辅助设计，对高差较大部位进行景观设计及边坡安全专项计算，使边坡部位既满足安全要求，也达到了自然美观的效果（图3-25）。

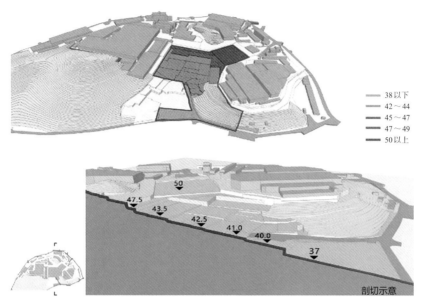

图3-25　项目等高线地形图

2. 工期紧张

为保证原大礤小学1600名师生能够在2018年9月1日正常开学，本项目从4月15日进场正式施工，总工期仅138天，且施工周期跨越深圳市雨季，工期非常紧张。按照传统混凝土结构施工至少需要1年工期，本项目工期要求缩短约62%，如采用传统建造方式几乎无法按时完成。所以，本项目采用了装配式钢框架结构体系，利用其快速建造的特点，加上合理的穿插施工，保障项目在原定工期内完成（图3-26）。

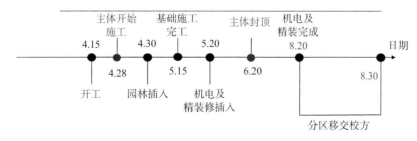

图3-26　施工进度计划

3. 交叉作业多

项目工期紧张，采用装配式建筑技术快速建造的同时，存在大量多专业交叉作业的情况。为避免交叉作业过程中可能出现的质量及安全问题，本项目投入优秀管理团队，积极落实各项管理制度，确保工程一次成优。在建造过程中，项目大量使用智慧建造、BIM技术等先进的管理手段，合理规避各专业间的碰撞，大大提高了施工效率。

（三）信息化管理

1. 设计BIM技术应用

项目的设计阶段，运用BIM技术对各专业设计模型进行综合碰撞检查，对模型中涉及的管线穿梁、管线穿墙等问题提前进行模型深化，并进行管线孔洞的预留，避免了机电管线在后期安装过程进行临时开凿孔洞的问题。对预制构件和机电管线的排布质量与效果进行可视化审查，提高审查效率。此外，基于BIM技术进行工程量统计、三维出图和设计交底等（图3-27）。

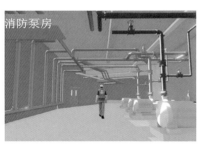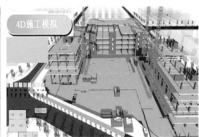

图3-27 建筑、结构、机电、虚拟建造及BIM应用

2. 施工BIM技术应用

本项目在建造过程中对BIM技术的应用主要体现在构件优化、协同建造、智慧建造、施工组织及模拟等方面（图3-28）。

图3-28 智慧工地管理平台

五、综合效益分析

为响应水源保护区2018年的拆除治理任务，在极短工期内完成新大磡小学的建设任务，保障1600余名师生的正常开学，项目于2018年4月15日正式开工，8月30日顺利通过初步验收，实际建设周期仅为138天。与传统模式相比，工期节约62%，从而节约了大量劳动力成本、人员管理成本及时间成本，经济效益显著。

项目应用装配式钢结构体系，装配率达70.2%，大量部件在工厂标准化生产，避免了施工现场的大面积湿作业施工，极大节约了现场施工用水量和用电量，减少现场临时用地面积，项目可减少建筑垃圾约49%，减少混凝土机械噪声污染约30%，节约了大量的混凝土及砌块。

在本项目严格的管理要求和紧张的工期下，装配式建筑优势凸显，高质高效推动项目快速建造，为深圳市探索高密度城市发展下的教育项目快速建设提供解决方案。在项目建造过程中，依托良好的设计理念，创新研究多项专利成果，具有显著的社会效益。

六、结语

大礤小学新校舍项目通过优化建筑结构形式，选用施工较快的"钢框架+蒸压加气混凝土墙板（ALC）"的结构，形成一整套装配式钢结构体系，可避免施工雨季影响，加快了设计、制造与施工速度，进而缩短工期和降低造价，快速解决了师生正常开学的迫切需求。本项目作为"快速建造、绿色智慧"的示范案例，探索采用了"工程总承包+装配式建筑+BIM+智慧工地"科技创新模式，为深圳市提供了教育类民生工程的综合解决方案，引领了建筑行业创新发展。

04

项目 深圳市梅香学校

□ 建设单位｜深圳市福田区建筑工务署

□ 代建单位｜中建三局集团有限公司

□ 勘察单位｜深圳市南华岩土工程有限公司

□ 设计单位｜申都设计集团有限公司

□ 施工单位｜中建四局第三建筑工程有限公司

□ 监理单位｜中海监理有限公司

□ 装配式建筑深化单位｜中国建筑科学研究院有限公司

一、项目概况

（一）用地情况

深圳市梅香学校位于深圳市福田区梅怡路与梅亭路交界处，位于下梅林片区，与梅林一村相邻，其北面为梅林公园，东面为下梅林文体公园，总用地面积2.34万㎡（图4-1）。

图4-1　项目效果图

（二）规划设计指标

梅香学校总建筑面积为4.80万㎡，其中计容积率建筑面积2.73万㎡，容积率为1.2，地下建筑面积2.15万㎡，项目总投资约3.90亿元。梅香学校建成后可提供学位2580个，车位192个，其中含38个配充电桩停车位。

梅香学校项目主要包含A座、B座、C座三栋单体建筑，其中A座和B座为学生教室、C座为行政办公室。项目三栋建筑错落排布，呈围合之态，为师生提供了一个安静舒适的环境，且楼栋间保留充分的距离，让光线能直照进教室。项目设A座地上6层，B座地上6层，

C座地上4层，项目有地下室两层，层高分别为3.95m、4.95m。普通教室单间面积约为75m²，功能教室单间面积约为95m²。普通教室总面积约3300m²，功能教室总面积约1185m²（图4-2）。

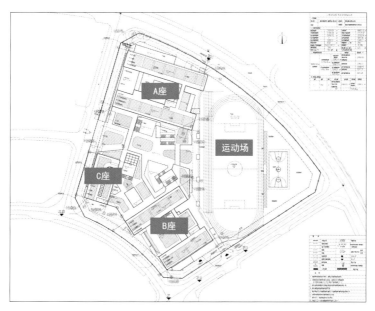

图4-2 项目总平面图

（三）装配式建筑概况

梅香学校为装配式混凝土结构学校项目，装配式建筑实施范围：A座2-5层，B座2-4层，C座2-3层的教室和行政办公室区域，项目采用了预制外墙板、叠合板、叠合梁及楼梯四种预制构件和内隔墙轻质条板。装配式建筑楼层的框架柱模板采用铝合金模板，其他模板采用木模板，外防护脚手架采用扣件式钢管脚手架。

二、设计

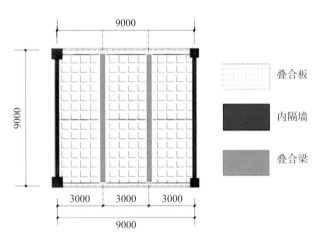

（一）建筑设计

1.模块单元标准化

项目A座、B座为学生教室，C座为行政办公室，教室、办公室的平面布局类似，结构设计统一。在模块设计上坚持模数化、标准化的原则，单元模块以标准跨为主，横向单跨9m，标准化教室、办公室约占所有教室、办公室房间数量的60%，大幅度降低结构性差异，满足结构受力，从而达到构件标准化，满足制作、运输和吊装的要求，发挥工业化优势（图4-3）。

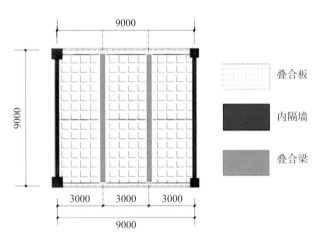

叠合板

内隔墙

叠合梁

图4-3　标准跨预制构件布置图

2.预制构件标准化

本项目的预制构件充分考虑了预制构件成品安全性、生产可行性和施工便利性，以"少规格、多组合"为目标，采用了1种预制外墙板，16种厚度一致的预制叠合板，2种截面尺寸的预制叠合梁，3种楼梯构件。基于结构设计和施工周期，预制构件模板设计采用共模技术，同类型的预制构件生产共用一套底模和边模，预埋件根据预制构件设计图纸进行局部的改模（图4-4～图4-6）。

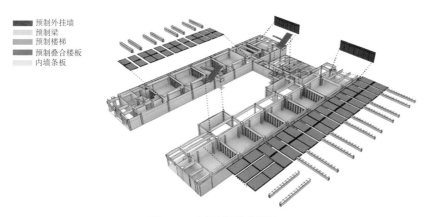

图4-4　A座预制构件布置图

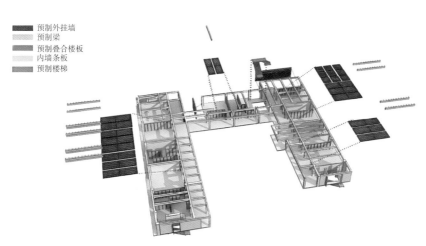

图4-5　B座预制构件布置图

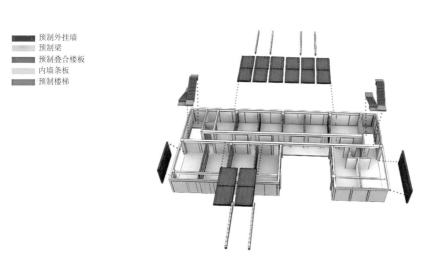

图4-6　C座预制构件布置图

项目内隔墙使用内隔墙轻质条板，其尺寸规格及安装工艺统一，可达到免抹灰效果，具有避免现场湿作业等优点。

（二）结构设计

1.结构体系

梅香学校项目基于其布局类似、结构统一简洁的特点，采用装配式混凝土结构，预制构件采用预制叠合板、预制叠合梁、预制楼梯、预制外墙板，本项目使用了内隔墙轻质条板。

2.关键节点设计

1）预制外墙板连接节点

预制外墙板采用非承重外墙板，上端与现浇梁线铰接连接，只传递剪力，不传递弯矩，减少对框架梁结构的影响。下端采用点支撑半固定连接，外墙、梁与板之间连接可靠，墙板之间留有缝隙以应对热胀冷缩的形变，预制外墙板为混凝土材质，自防水效果优于砌体墙，能有效降低后续外墙渗漏、开裂风险（图4-7、图4-8）。

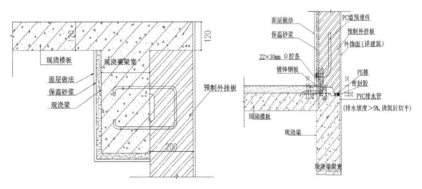

图4-7 上端与现浇梁线铰接连接（左）和下端采用点支撑半固定连接（右）

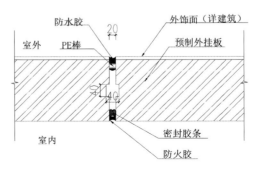

图4-8 外墙板间隙节点

2）预制叠合梁、板连接节点

预制叠合次梁、叠合板均为非抗震构件，设计时节点按铰接连接设计，避免刚性连接，杜绝节点裂缝，提高施工质量（图4-9）。

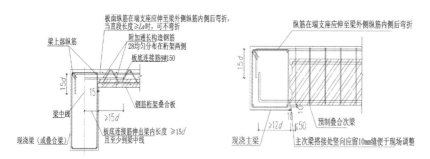

图4-9 叠合板节点设计

3）预制楼梯连接节点

预制楼梯上端采用固定铰支座，下端采用滑动铰支座，结构抗震可不考虑其斜撑作用，梯段下端与主体结构预留30mm变形缝。在确保结构、施工安全的前提下，为后续地坪装修提供施工便利，提高施工速度（图4-10）。

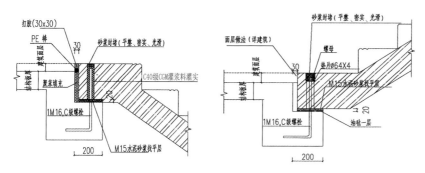

图4-10 上端采用固定铰支座（左）和下端采用滑动铰支座（右）

（三）装饰装修设计

项目装修设计与土建、机电专业的深化设计相协调，现浇混凝土和预制构件均预留装修施工部分，对精装修几何位置进行精确定位，如线盒、灯具、暖通、消防的位置。门窗系统采用性能更高的成品系统，采用工厂生产、现场干法安装的施工方式，门窗设计符合模数化要求。

教室、办公室地面统一为白色防滑水磨石地面，结构层与装饰层之间增加隔声砂浆，满足上下层的隔声要求。教室窗台下部及其他墙面 1.2m 高以下部位采用洁菌抗倍特板作为墙裙。阶梯教室、体育馆顶棚、墙壁采用穿孔吸声板，确保不影响其他教室的正常教学活动（图 4-11）。

石膏板顶棚刷白

涂料

现磨彩色水磨石
（或预制水磨石
砖）

图 4-11　普通教室效果图

三、生产与运输

（一）生产环节

依据项目施工总进度计划，构件生产单位自收到正式施工图纸至首批构件进入施工现场约 30 天。后续预制构件按 A、B 座 7 天一层、C 座 3 天一层进行生产，预制构件供应商流水生产，确保构件备货量至少为一层，以作供货准备（图 4-12）。

本文以三层为例，进行配模计算：

A 座：叠合次梁 20 个，叠合楼板 60 个，预制楼梯 6 个，预制外墙 2 个。

B 座：叠合次梁 12 个，叠合楼板 43 个，预制楼梯 2 个，预制外

深圳市教育类装配式建筑项目案例汇编

墙4个。

C座：叠合次梁6个，叠合楼板18个，预制楼梯4个，预制外墙3个。

A座叠合梁所需模具为3套，叠合板模具为9套，外墙模具1套，楼梯模具为1套。B座叠合梁所需模具为2套，叠合板模具为7套，预制外墙模具1套，楼梯模具为1套。C座叠合梁所需模具为2套，叠合板模具为6套，预制外墙模具1套，楼梯模具1套。

1.模具安装

3.水电预埋

（标题行补充）2.底层钢筋绑扎

4.吊装件安装

5.面层钢筋绑扎

6.混凝土浇筑

7.墙体压面处理

8.拆除模板及通孔

9.运至堆放位置

图4-12 预制构件生产工序图

（二）运输环节

本项目预制构件厂距离项目约77km、车程2小时。预制构件采用平放方式运输，层与层之间采用方木垫平、垫实，用钢丝带及紧固器绑牢，一车次最多可分别装载18片叠合楼板、6根预制叠合次梁或3块预制楼梯。每个实施装配式建筑的楼层施工安排1车次叠合楼板、2车次预制楼梯及2车次叠合次梁的预制构件，可满足现场进度要求。

四、施工

（一）施工工序及主要工法

1.施工工序

项目主体结构施工工序为：标准化设计→预制构件工厂化生产→预制外墙板吊装及斜撑安装→柱钢筋安装→柱铝模安装→柱混凝土提前浇筑→支撑架及现浇主梁模板搭设→现浇主梁钢筋安装→预制叠合次梁、叠合板依次吊装→穿插水电预埋→面筋安装→混凝土浇筑，待楼梯端部达到设计要求强度后，吊装预制楼梯。

2.主要工法

1）预制外墙板安装

预制外墙板的安装首先应清理安装部位，测量放线、坐浆找平，按照设计吊点位置采用专业吊具先试吊预制外墙板，并调整预制外墙板处于正确状态；正确调整后再快速平稳地将预制外墙板吊至安装部位上方，由上而下缓慢落下就位，然后安装临时调节件及调节杆，以调节校正预制外墙板的标高、水平位置、垂直度。校正后，固定临时调节件及调节杆，安装永久固定支座，待上层结构完成后，再进行接缝处理。其中预制外墙板连接的临时调节件、调节杆应在接缝混凝土强度达到设计要求后拆除（图4-13）。

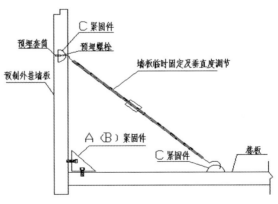

图4-13　预制外墙板安装示意图

施工要点及注意事项：当预制外墙板吊装至安装部位后，顶板吊装工人用挂钩拉住缆风绳将预制外墙板上部的预留钢筋插入现浇梁内，先将紧固件B临时固定，同时底板吊装工人将上下层楼板企口缝定位，并通过斜撑将预制外墙板再临时固定。吊装工人根据预制外墙板的安装控制线和标高线，通过A、B、C紧固件以及吊线坠，调节预制外墙板的标高、轴线位置和垂直度，预制外墙板施工时不断注意校正。

2）预制叠合次梁、叠合板安装

预制叠合次梁及预制叠合板主要安装流程：首先做好预制构件的水平位置线及控制支撑架搭设高度；支撑架搭设完成后，开始吊装预制叠合次梁；预制次梁在作业层上方30～50cm处缓慢下放调整位置；确认位置准确后取钩，继续其他预制次梁吊装；一个片区的预制次梁全部吊装完成后，准备预制叠合板起吊安装；复核支撑架标高；然后将预制叠合楼板构件吊离地面，根据图纸构件编号以及箭头方向吊装就位；确认吊装位置到位后取钩，继续其他预制叠合楼板的吊装（图4-14）。

图4-14 预制次梁吊装图（左）预制叠合板吊装图（右）

预制次梁施工要点及注意事项：预制次梁施工时要重点注意控制次梁与主梁的标高误差，弹出梁边控制线，防止吊装过程中梁偏位。梁底支撑采用立杆支撑，预先调整支撑高程以保证预制梁的标高。当梁初步就位后，两侧借助梁定位线将梁精确校正。吊装完成后，复核预制次梁的位置及高程。

预制叠合板施工要点及注意事项：预制叠合板施工需做好水平定位的控制，在进行预制叠合板吊装之前，在下层板面上进行测量放线，弹出尺寸定位线，先吊装靠近预制外墙侧的预制叠合板。预制叠合板的吊装根据设计要求，与现浇墙、现浇梁或叠合梁相互搭接10mm，在以上结构上方或下层板面上弹出水平定位线。同时还需做好竖向标高的控制，鉴于预制叠合板采用独立三脚支撑架进行受力支撑，项目对三脚架独立支撑的竖向标高进行严格的管控。预制叠合板吊装前，预制墙体已吊装完成，每一部分预制叠合板均与预制墙体搭接，故现场施工人员需在下层板面上使用水准仪，根据已安装好的预制墙体顶标高，对三脚架独立支撑的标高进行控制。

预制叠合板连接节点处理：预制叠合板采用密拼形式，拼缝处板底张贴白色海绵胶，避免漏浆。使用预制叠合次梁时，因梁截面较小，线荷载较小，梁底无须额外布置立杆，不需要支梁侧吊模，梁箍筋、底筋已预制在构件中（图4-15）。

3）预制楼梯安装

预制楼梯的安装首先根据构件形式选择钢梁、吊具和螺栓，再进行吊具安装，然后对预制楼梯支座砂浆找平（下支座先铺放油毡）；将预制楼梯吊至离车（地面）20～30cm，采用水平尺测量水平，并将其调整水平，然后平稳地吊至就位地点上方。预制楼梯吊至梁上方30～50cm时，调整预制楼梯位置使上下平台预埋筋与楼梯预留洞对正，预制楼梯边与边线吻合；根据已放出的预制楼梯边线，先保证预制楼梯两侧准确就位，再使用水平尺和葫芦调节预制楼梯水平；最后使用高一级的砂浆将预留洞口填补，保证楼梯不发生位移。

4）内隔墙轻质条板安装

根据建筑使用功能及建筑隔墙条板规范，项目选用双层100mm厚轻质内隔墙条板，满足防火、隔声、抗裂及其他使用要求，并对其进行优化。砂浆采用轻质隔墙条板专用填缝、粘结砂浆。

内隔墙轻质条板主要安装流程：放线定位→选定墙板、拌制砂浆→切割下料→抹粘接砂浆→检查校核→下一块墙板拼装→板下填充砂浆、缝口处理→单位墙板拼装完成→检查、静置→嵌缝及细部处理。

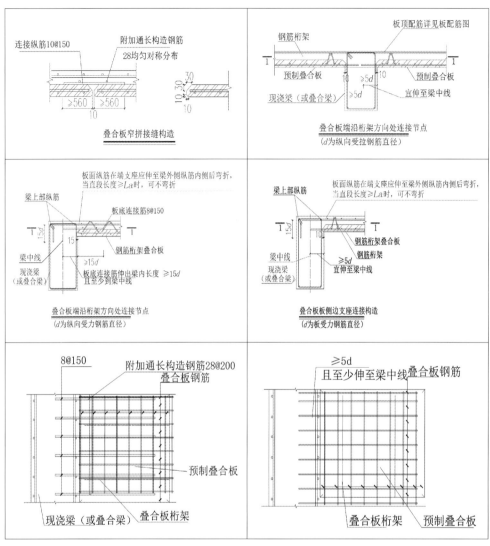

图4-15　预制叠合板节点示意图

3.关键节点处理

1）柱铝模板与木模板接缝处理

为防止铝模板与木模板接缝处漏浆，先浇筑柱2.75m，在柱头处预埋螺栓，用于封柱模板时加强铝木结合交界处的木模板稳定性（图4-16）。

2）现浇主梁与预制叠合次梁节点处理

现浇主梁面筋摆放一侧，先安装主梁底模及外侧模，起吊安装预制次梁，摆放安装主梁底筋，穿插主梁面钢筋与箍筋，安装封闭内侧模板，避免主、次梁节点钢筋出现冲突、碰撞问题。在预制叠合次梁两端侧面预埋螺栓，用于加固主次梁节点侧面拼缝模板防止主、次梁节点侧面拼缝处漏浆（图4-17）。

图4-16 模板安装示意图

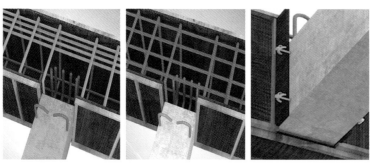

图4-17 主次梁交接处预制叠合次梁安装示意图

3）预制叠合次梁与叠合板节点处理

在预制叠合次梁侧面按600mm间距预埋螺栓，用于加固梁板侧面拼缝模板，避免叠合次梁与叠合板拼缝处出现漏浆现象（图4-18）。

4. 悬挑脚手架与外围护结构连接工法

项目运用了"悬挑脚手架与外围护结构连接施工工法"，该工法技术特点、工艺原理如下：

1）技术特点

"悬挑脚手架与外围护结构连接施工工法"的技术特点如下：

（1）采用预埋式连接装置设置在预制外墙板中一同在构件厂生产。

（2）采用新型铝合金或镀锌构件代替Q235普通钢材所制作的锚环。

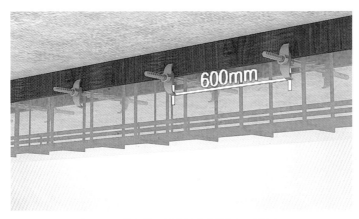

图4-18 叠合梁、板连接节点处加固示意图

（3）优化外围护结构的状态、材料及形态，使其易于与外脚手架连接。

（4）采用无支撑自持型钢平台的方式（不设置在结构梁板表面）进行固定。

（5）局部悬挑过长部位运用三角形钢平台支撑，型钢固定在外围护结构上，水平型钢下做斜支撑。

（6）仅用型钢固定在外围护结构上但支座和固定材料单独设计，使其满足受力要求。

2）工艺原理

（1）通过在外围护结构边梁上安装无支撑自持钢平台构件，使构件既能满足重复利用要求，又能满足受力要求，但需要混凝土达到一定强度方能安装外脚手架；局部悬挑较长的部位通过在外围护结构边梁上与下部竖向结构构件上安装三角形钢平台支撑构件，使之形成三角形钢平台整体，可使钢平台构件不深入结构内即可满足悬挑式外脚手架坐落在三角形钢平台上，并满足其受力要求。

（2）通过设计的前置式连墙装置，使悬挑式外脚手架与外围护结构的连接构件达到构件可周转、少洞口、减小洞口、修补便捷的效果，主要优化了构件的连接形式与外观形式使之既能满足功能要求，又能满足受力要求。

（3）通过无支撑自持型钢平台／三角支撑型钢平台＋前置连墙件＋保险与卸荷装置与装配式建筑外围护结构连接结合的成套体系，

可有效减少资源浪费，增加效益，减少劳动力投入，减少安全隐患的发生。

无支撑自持型钢平台施工工艺流程如图4-19所示：

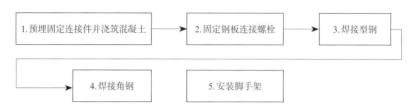

图4-19　钢平台施工工艺流程图

（二）BIM在施工阶段的运用

（1）指导预制构件施工。通过施工动画模拟施工过程，清晰展示出各专业间的施工组织及技术要点（图4-20）。

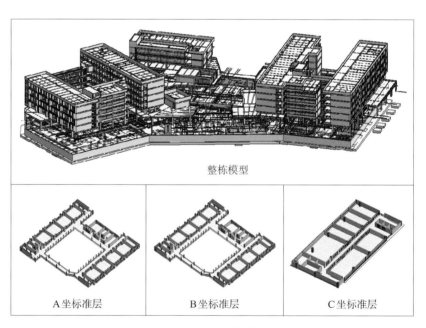

图4-20　BIM施工动画模拟图

（2）建立各专业模型及预制构件模型，及时发现各专业图纸之间存在的冲突问题，例如柱表尺寸与图纸实际柱尺寸不符、上下层墙柱未对齐、预留洞口尺寸不详、板面标高不同、图纸互相矛盾、板面混凝土强度等级重叠等，避免后期设计变更，影响施工质量及工期。

项目在建模过程中，发现了走廊精装位置顶棚吊顶为铝方通吊顶，基于现场实际情况，项目部以图纸会审的方式向建设方提出了切实可行的优化建议，及时进行更改，避免了后期大面积返工。同时对复杂管线进行了优化，通过精装修吊顶问题调整了原设计的管线净空。

（3）本项目C座采用铝合金模板、木模板结合技术，以三层为科研课题示范楼层。通过铝合金模板、木模板结合技术，显著提高了整体施工效率。实践证明，在科研课题示范楼层中使用铝木结合的模板工程技术，框架柱、墙、梁板混凝土可以一同浇筑，每层缩短0.5～1天工期（图4-21）。

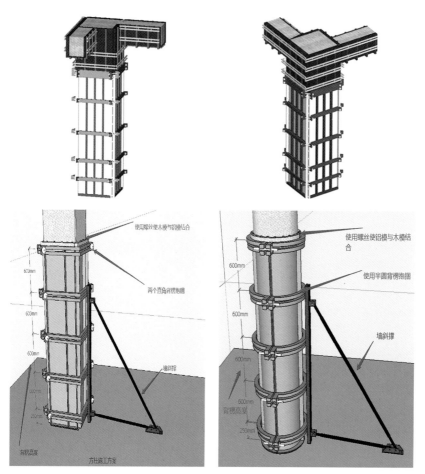

图4-21　框架柱铝木结合模型

（三）施工的重难点分析

（1）梅香学校用地紧邻梅林一村等住宅区，对文明、绿色施工等要求高，施工噪声、扬尘管控要求严，而且施工时间受限制。针对项目遇到的任务重、工期紧的困难，本项目装配式建筑施工从构件进场安装到机电、装修等工序均采用了全过程穿插提效施工技术，通过合理的穿插工序安排，达到快速建造的效果。

（2）本项目是深圳市第一所装配式混凝土结构学校，各方实施经验尚且不足，与传统项目施工相比，装配式建筑项目增加了预制构件深化设计环节，构件深化设计图直接决定构件生产及现场安装样式。预制构件进入现场已经定型，故在前期各专业间应进行充分沟通，就预制构件深化与建筑、结构、机电、装修各专业及现场施工的预先协调，尤其是构件上的线管、线盒与现场模板施工配合的预留拉模孔洞等细节问题更是要沟通到位。

五、综合效益分析

梅香学校是深圳市首个装配式公共建筑项目，保证工程质量的前提下，项目创新性地运用了装配式建筑技术，快速完成了建造任务，为市民提供了2580个学位。

本项目采用装配式建筑技术施工，既保证了结构质量，建筑观感也达到预期效果，还减少了施工劳动力成本。经统计，单层每日可节省木工班6人，钢筋班12人的施工劳动力，在项目主体结构施工阶段，相比传统现浇结构，平均每天用工人数减少约27人。项目总工期仅8个月，而且其主体结构提前封顶，减少塔式起重机租赁时间约1个月，降低现场管理成本。

项目的预制构件经工厂预制、现场安装，大幅减少了现场湿作业及粉尘作业，降低环境污染和施工所产生的噪声。

六、结语

　　梅香学校项目是深圳市第一所装配式混凝土结构学校项目，集合了建设各方的优质力量，协同工作，建立了相应的质量管理体系，确保了工程的顺利实施。本项目设计理念先进、节点设计合理，结构安全及建筑性能优秀，是深圳市在探索装配式建筑发展道路上的一次重要尝试。

深圳市第二十高级中学项目

□ 建设单位｜深圳市坪山区建筑工务署

□ 工程总承包单位｜中建科技集团有限公司

□ 勘察单位｜深圳市勘察测绘院（集团）有限公司

□ 监理单位｜深圳市九州建设技术股份有限公司

□ 构件生产单位｜中建科技（深汕特别合作区）有限公司

一、项目概况

（一）用地情况

深圳市第二十高级中学项目位于深圳市坪山区沙田社区，地处深圳与惠州交界处，北临丹沙路，南临岭古路，东临丹梓北路，西面为深圳市第十四高级中学规划用地，规划用地面积3.98万 m²（图5-1）。

图5-1　项目航拍图

（二）规划设计指标

深圳市第二十高级中学总建筑面积7.30万 m²，规划为36班寄宿高中，提供学位1800个，其中含教学及配套用房2.59万 m²，宿舍生活用房2.34万 m²，架空篮球场2981m²，多功能厅1217m²，架空绿化休闲1.32万 m²，设备用房1288m²，停车库5093m²。

项目对用地进行合理规划，实现了教学、办公、宿舍以及400m标准跑道的操场等多种使用功能。项目通过将室内运动场、报告厅、食堂、其他教学辅助用房等大空间设置在操场架空层之下，形成公共组团；将普通教室、专业教室统一设置在用地南侧，形成教学组团，各组团相对独立，便于管理。同时，项目的普通教室、专业教室、教师办公室按层相应配备，学生宿舍、教师宿舍等配套功能独立成栋，设置在用地北侧区域；在地下室设置停车及设备用房，并且设置大量架空活动区，给学生提供一个学习交流及活动的场所（图5-2）。

本项目规划有：1号综合楼，总层数为1层，层高5.70m；2号教学楼，共5层，层高4m，总高度21.85m；3号高层学生宿舍，共16层，层高3.9m，总高度64.35m；4号高层教师宿舍，共11层，层高3.3m，总高度38.85m。

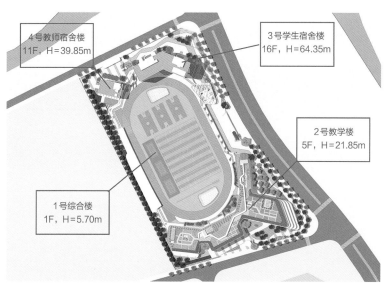

图5-2 项目总平面图

（三）装配式建筑技术应用情况

项目装配式建筑实施范围为2号教学楼、3号学生宿舍楼、4号教师宿舍楼，采用装配式混凝土结构体系，选用内浇外挂的装配式建筑技术。所使用的预制构件有：预制叠合板、预制外挂墙板、预制栏板，项目还采用了蒸压加气混凝土墙板（ALC）。本工程按照《深圳市装配式建筑评分规则》进行装配式建筑评分，其中2号教学楼得66.4分，3号学生宿舍楼得65.5分，4号教师宿舍楼得66.4分。

二、设计

（一）建筑设计

1.平面标准化

1）2号教学楼

项目教学楼包括普通教室、实验教室、选修教室、行政办公、教师办公及公共配套。教学楼采用标准层高及双廊式布局，造型优美流畅，预制栏板采用标准化及模数化设计，直线段长度4500mm，通过R3000mm的弧线段衔接，以标准化外廊栏板设计实现了教学楼的流水造型设计。

教学楼功能空间均采用9m×9m的标准柱网，通过对平面的标准化、模数化及模块化的设计研究，最大化实现建筑及结构的标准化设计（图5-3、图5-4）。

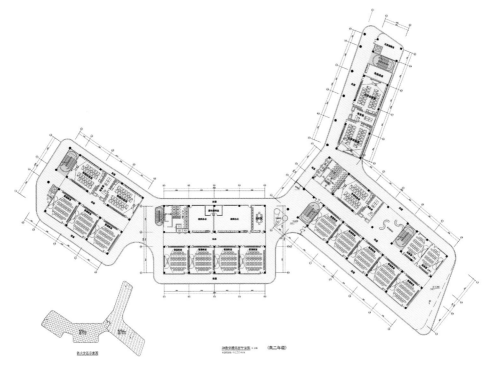

图5-3　教学楼教室标准模块平面图

深圳市教育类装配式建筑项目案例汇编

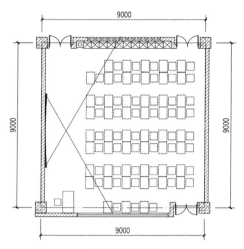

图5-4 教学楼标准教室平面图

2)3号学生宿舍楼

学生宿舍仅一种标准户型，设计为内廊式布局，横向9m柱网，4.5m开间，层高3.9m，标准层设置有23个标准宿舍单元。卫生间放置于外侧，宿舍内部及走道采用预制叠合板，山墙位置设置有预制外墙板，仅两种规格（图5-5、图5-6）。

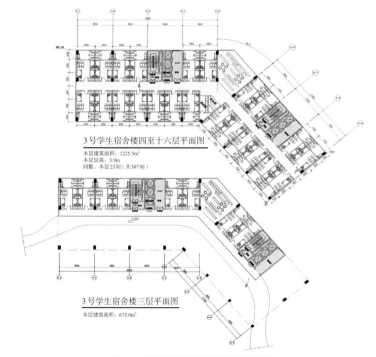

图5-5 学生宿舍楼标准模块平面图

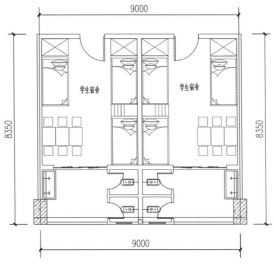

图5-6　标准学生宿舍平面图

3)4号教师宿舍楼

教师宿舍仅一种标准户型，宿舍横向开间6.6m，竖向开间3.3m，层高3.3m，卫生间及入户门口采用现浇，宿舍内部及公共走廊采用预制叠合板，标准化程度高（图5-7）。

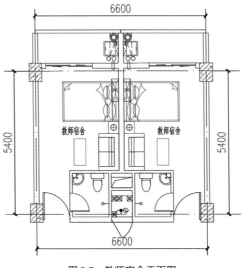

图5-7　教师宿舍平面图

2.立面标准化

本项目建筑立面利用横向线条来增强建筑的现代感，以增强建筑标志性视觉高度，通过内外双廊、外廊转角处倒角的设计手法，打造个性鲜明、亮点突出的校园建筑，使之成为片区的活力中心。项目预制栏板、预制墙板、预制围护墙均采用标准化设计，在减少部品种类的前提下达到统一多样的立面效果（图5-8）。

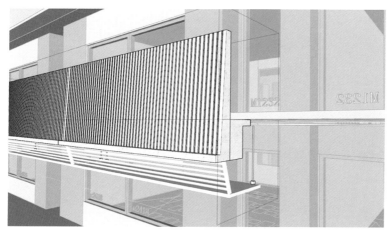

图5-8 立面设计图

3.构件标准化（少种类、多数量）

项目采用的预制构件有：预制叠合板、预制外墙板、预制栏板，项目还采用了蒸压加气混凝土墙板（ALC）。项目用工业化的理念，优化部品的种类，实现种类数量最少且合理。其中教学楼通过协调设计柱网尺寸，框架梁、次梁位置，优化叠合板尺寸，减少模具种类。而宿舍楼则保持户型尺寸标准化，统一户型开间和进深，以此减少预制构件种类，提高模具利用率（图5-9～图5-13）。

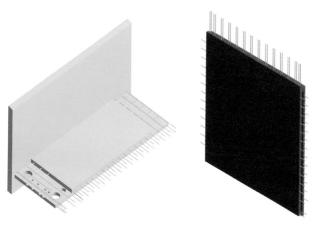

图5-9 预制栏板（左）预制外墙板（右）

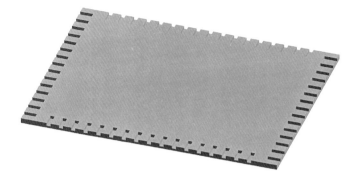

图 5-10　预制叠合板

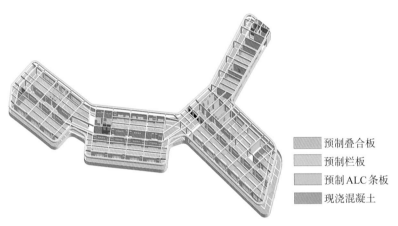

预制叠合板
预制栏板
预制 ALC 条板
现浇混凝土

图 5-11　2 号教学楼平面布置三维模型图

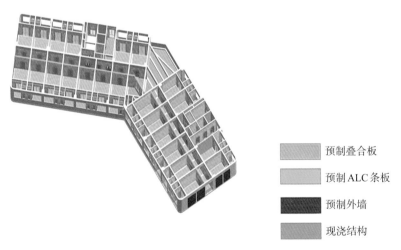

预制叠合板

预制 ALC 条板

预制外墙

现浇结构

图 5-12　3 号学生宿舍楼平面布置三维模型图

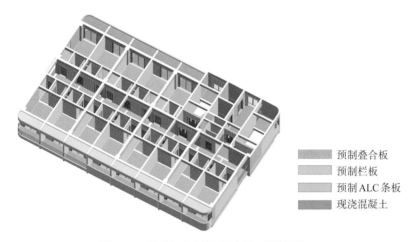

	预制叠合板
	预制栏板
	预制ALC条板
	现浇混凝土

图5-13　4号教师宿舍楼平面布置三维模型图

4.部品标准化

项目的部品主要对教学楼、宿舍的栏杆、吊顶、门窗等工厂化生产的内外装饰品及功能性部品进行标准化设计。模块化的构件及部品库支持将设计、生产、施工、供应商等资源结合在一起，实现全过程的协同，优化资源配置，支持基于模块化部品的个性化定制需求，提高建筑产品的附加价值（图5-14）。

图5-14　部品效果图

（二）结构设计

1.结构体系

项目采用装配式混凝土结构体系，实施的楼栋为2号教学楼、3号学生宿舍和4号教师宿舍，设一层人防地下室。2号教学楼、3号学生宿舍和4号教师宿舍均采用内浇外挂装配式建筑技术。

2. 结构安全验算过程

本项目1号综合楼（裙房）、2号教学楼、3号学生宿舍楼和4号教师宿舍楼的预制部位在各种设计状况下，内力分析按现浇混凝土框架结构相同的方法进行结构分析。当同一层内既有预制又有现浇抗侧力构件时，地震设计状况下对现浇抗侧力构件在地震作用下的弯矩和剪力适当放大，本项目取值1.1倍。本项目在结构内力与位移计算时，对现浇楼盖和叠合楼盖，均按刚性板假定；楼面梁中梁刚度增大系数按《混凝土结构设计规范》GB 50010—2022第5.2.4条规定计算，且中梁刚度增大系数不大于2.0。2号教学楼为装配整体式框架—现浇剪力墙结构体系，因此框架部分抗震等级和轴压比限制采用框架结构的规定。

3. 关键节点设计

1）预制叠合板相关节点设计

本项目采用开槽型不出筋混凝土叠合板，四面压槽且槽内采用短钢筋进行连接替代以往出筋叠合板，为施工提供了极大的便利（图5-15～图5-17）。

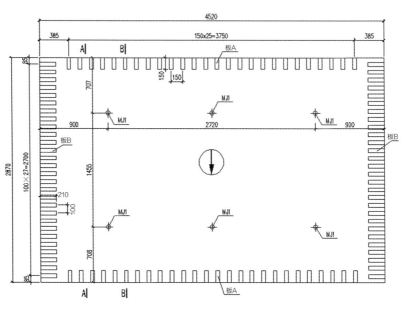

图5-15 预制叠合板详图

深圳市教育类装配式建筑项目案例汇编

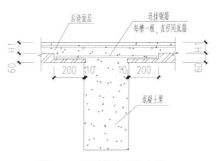

图5-16 预制叠合板节点图一

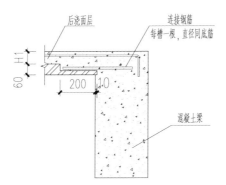

图5-17 预制叠合板节点图二

2）预制栏板相关节点设计

本工程阳台采用预制混凝土栏板替代栏杆，一体化施工，快速便捷（图5-18）。

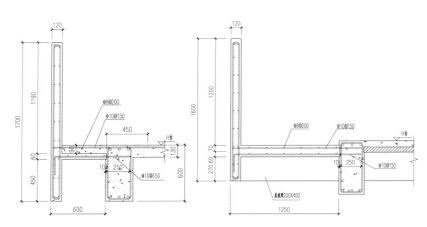

图5-18 预制混凝土阳台栏板节点图

3）预制外墙板节点设计

本工程山墙部位围护结构采用预制混凝土外墙板，为解决外墙渗漏问题，墙板与楼板之间采用企口节点做法，内高外低，防止外墙明水渗透进室内（图5-19）。

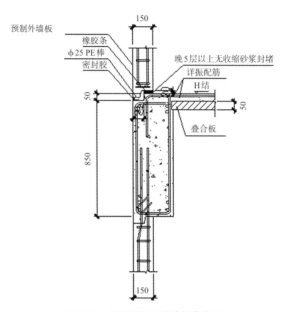

图5-19　预制混凝土外墙板节点图

（三）装饰装修及机电设计

1.装饰装修设计

项目的室内装饰装修设计部分也遵循装配式建筑相关要求，墙面选用硬包、软包、吸声板等材料；顶棚选用穿孔铝板、铝方通、金属网格板、硅酸钙板、吸声板等材料；地面采用瓷砖铺砌、水磨石、运动木地板及胶地板；均实行模块化定制加工，板块到现场之后直接根据深化设计排版图进行安装。通过批量采购、模块化设计、工业化生产加工、整体安装，项目不但提高了生产效率，同时也避免了现场加工、裁切带来的材料浪费和环境污染等问题（图5-20）。

2.机电设计

根据装配式建筑的结构特征以及混凝土构件分布状态，本项目采用管线分离结合预留预埋的形式，遵从机电管线安装在吊顶和装饰墙体（如蒸压加气混凝土墙板内部空间、外墙与室内装饰面层间、内保

图5-20　普通教室装饰装修

温层等）的原则，以建筑布置及精装修设计条件要求为导向，准确把握每一段电气管线在预制构件中预埋的必要性，尽量减少管线在预制构件（特别是预制楼板）中的预埋，同时不应在预制构件与现浇段连接处预埋。

根据项目实施方案的具体情况，项目的机电设计注意与结构各相应参数的"定量"配合，结合具体区域叠合楼板及预制墙体的具体分布和特殊构造，制定合理、可行的"重点区域"管线敷设路由排布方案，及时配合结构专业做好预制构件预留预埋（图5-21）。

图5-21　BIM管线图

（四）基于BIM的专业协同设计

项目应用BIM技术，在方案设计、初步设计和施工图设计各阶段进行全面梳理，逐步完善各专业BIM模型，确定构件、机电管线的布置原则。基于各专业模型，应用BIM三维可视化技术检查施工图设计阶段的碰撞，可完成建筑项目设计图纸范围内各种管线布设与建筑、结构平面布置和竖向高程相协调的三维协同设计工作，如进行宿舍模块、卫生间排气、外露管线、空调机位、栏板等细节与机电管线占位空间关系的推敲研究。

利用BIM可视化的优势，项目可及时发现不易察觉的设计缺陷或问题，减少由于事先规划不周全而造成的损失，有利于设计与管理人员对设计方案进行辅助设计与方案评审，促进工程项目全过程高效实施。

项目基于装配式建筑智慧建造平台实现设计过程管理和工程设计数据管理，包括基础资料管理、过程协同管理、设计数据管理、设计变更管理等，进而完成资源共享、设计文件全过程管理和协同工作。在设计协同管理的工作模式下，所有过程的相关信息都记录在案，相关数据图表都可以查询统计，更容易执行设计标准，提高设计质量。

三、生产与运输

（一）生产环节

本项目的构件产品包括预制叠合板、预制栏板、预制外墙板，且项目还使用了蒸压加气混凝土墙板（ALC），经过近几年装配式建筑的快速发展，构件生产链均已较为成熟。其中预制叠合板产品采用流水式作业，在自动化生产线上生产；预制栏板和预制外墙采用固定模台生产。无论哪种形式的预制构件生产主流程基本相同，主要包括：构件深化设计→模具设计→采购模具→模具清扫与组装→钢筋加工安装及预埋件安装→混凝土浇筑及表面处理→养护→脱模→存储→标识→运输。

1.预制叠合板

预制叠合板在自动化生产线上生产，生产线采用移动模台结合边模条组合，通过中央控制系统执行机械手、网焊机、雷射扫描、鱼雷罐等设备辅助，全自动生产。主要分为模板清理区、划线区、钢筋网安装区、埋件安装区、边模安装区、混凝土浇筑区养护区等10个区域。

项目一共生产了6种预制叠合板，其尺寸及数量分别为3000mm×2300mm的161件，3000mm×3700mm的253件，3100mm×3700mm的92件，4200mm×2700mm的637件，4300mm×2700mm的78件，4400mm×2700mm的52件。预制叠合板根据生产周期，结合项目施工进度，叠合板到场时间按照每层施工进度到场。

2.预制栏板、预制外墙

预制栏板和预制外墙主要采用固定台模生产线生产，固定模台生产线主要生产异型构件和小批量构件，如楼梯、阳台等。生产按照模具清理、布料、振捣、抹光、养护、脱模等生产工序，采用台座法生产。固定模台生产线不同于自动化生产线，它是传统预制构件生产形式，预制构件厂异型构件生产线采用20个作业工位。

项目一共有2种预制外墙板，分别为2100mm×5000mm和2500mm×5000mm各52件。预制栏板共计3种，分别为3200mm×1600mm、3280mm×1600mm、3440mm×1260mm，共使用了248件预制栏板。预制栏板以及预制外墙板16小时可以脱模，7天养护后可以出厂。

（二）运输环节

深圳市第二十高级中学项目构件厂距离项目约75km，可供选择有2条运输路线，在沿线路况良好情况下，预制构件出厂到达项目约1小时20分钟车程。

不同的预制构件采用不同的运输方式，以确保构件不受损坏，其中预制叠合板采用多层叠合平放方式，即构件之间用垫木隔离，垫木应上下对齐，垫木长、宽、高均不宜小于100mm，最下面一根垫木应通长设置。预制栏板只能采用单层平放的方式运输，预制栏板运输时，底部采用木方作为支撑物，支撑应牢固，不得松动，木方宜采用100mm×100mm木方，同时应采取绑扎固定措施，防止构件移动或倾倒。预制外墙板采用竖直立放运输为宜，使用专用排架运输和安全绳，排架应与车身连接牢固，排架与车身连接处使用缓冲材料，起到减震作用。构件与排架之间须有限位措施并使用安全绳绑扎牢固，稳定构件并严防倾覆，同时边角与安全绳接触的部分需用柔性垫片做好保护。构件边角位置或角铁与构件之间接触部位应用橡胶材料或其他柔性材料衬垫作为缓冲，墙板饰面层应朝外。

四、施工

（一）施工计划

1.项目主要节点工期计划

项目主要节点工期计划见表5-1。

主要节点工期计划　　　　　　表5-1

序号	工作名称	完成时间
1	桩基施工	2020年8月10日
2	地下室结构封顶	2020年9月21日
3	1号楼地上塔楼结构封顶	2020年10月11日
4	2号楼地上塔楼结构封顶	2020年12月4日
5	3号楼地上塔楼结构封顶	2021年1月19日
6	4号楼地上塔楼结构封顶	2021年1月12日
7	机电安装工程	2021年4月24日
8	装饰装修工程	2021年5月16日
9	竣工验收及备案	2021年7月4日

2.工期安排

2号教学楼每层的工序主要为：支撑架搭设板吊装→结合层钢筋绑扎→水电预埋→预制栏板安装→结构混凝土浇筑，平均每层所用工期约9天。

3号学生宿舍的工序与教学楼的大致相同，比其多一步预制外墙安装的工序，平均每层所用工期约8天，屋顶结构所用工期20天。

4号教师宿舍工序与教学楼的大致相同，平均每层所用工期约9天，屋顶结构所用工期10天。

（二）安装工艺及重难点分析

1.预制叠合板与现浇部分结合节点

本项目采用预制叠合板为开槽型不出筋混凝土叠合板，其安装流程为：施工准备→测量、放线→叠合板底板支撑布置→底板支撑梁安装→底板位置标高调整、检查→吊装预制叠合板底板→调整支撑高度校核底板标高→现浇板带模板安装→墙板结合部位模板安装→管线铺设→现浇叠合层钢筋绑扎→现浇叠合层混凝土浇筑（图5-22）。

图5-22　预制叠合板现场施工图

施工重难点分析：

预制叠合板与现浇部分结合处节点处理影响面大，需对拼缝做好质量控制。

主要采取以下措施：

在楼板混凝土浇筑之前，派专人对预制楼板底部拼缝及其与墙体之间的缝隙进行检查，对一些缝隙过大的部位进行支模封堵处理，塞缝选用干硬性水泥砂浆并掺入水泥用量5%的防水粉。叠合板与现浇结构梁、结构柱连接处设置一根ϕ8钢筋连接。混凝土浇筑前，清理叠合楼板上的杂物，并向叠合楼板上部洒水，保证叠合板表面充分湿润，但不宜有过多的明水。混凝土振捣时，要防止钢筋发生位移（图5-23）。

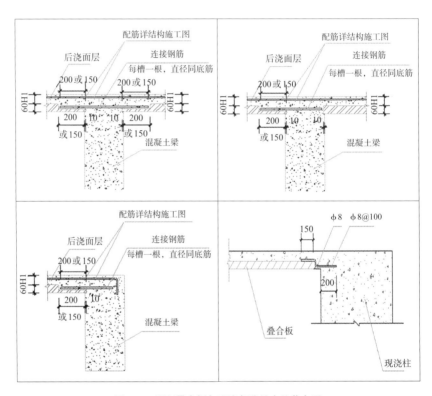

图5-23 预制叠合板与现浇部分结合处节点图

2.预制栏板节点

预制栏板的安装流程主要为：预制栏板支撑搭设→弹出控制线并复核→预制栏板起吊、就位→预制栏板校正→现浇部分钢筋绑扎→混凝土浇筑。预制栏板支撑采用盘扣架搭设，同时根据标高位置线将支撑体系的顶托调至合适位置处。支撑体系需充分考虑预制栏板上部混凝土浇筑荷载值，通过计算确定立杆间距，保证支撑体系整体稳定性。

预制栏板高度较高，水平板最短仅为490mm，为防止浇筑前预制栏板倾覆，需设置斜撑稳固预制栏板。斜撑设置两道，利用斜撑调节的垂直度兼做防倾覆措施，利用底部支撑调节水平标高。斜撑与底部定制支撑杆相连，支撑架采用膨胀螺栓固定在下层板上，支撑杆与四周架体采用扣件相连接，保证整体性。

预制栏板底部架体采用盘扣式支模架，纵横间距900mm×1200mm，步距1500mm，为保证架体稳定性防止倾覆，栏板底部每跨设置由底部至顶部的斜杠和斜撑（图5-24）。

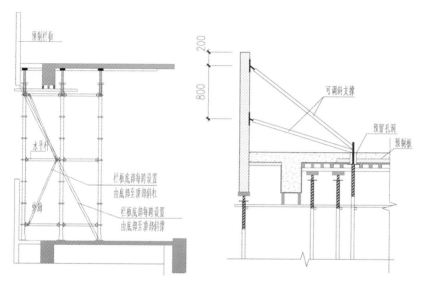

图5-24 预制栏板节点图

预制栏板吊具采用专用型平衡吊梁，起吊时确保各吊点均匀受力。待吊装至作业面上500mm处略作停顿，根据安装位置控制线进行安装。就位时缓慢放置，严禁快速猛放，以免造成预制栏板震折损坏；按照控制线对准安放后，将可调支撑与预制栏板连接，确定预制栏板固定完毕后松钩。松钩后利用支撑调节预制栏板的垂直度，利用预制栏板下支撑调节预制栏板的水平高度。

施工重难点分析：

预制栏板拼缝如何防开裂是施工过程中的难点，主要应对做法如下：一方面，做好拼缝高低差控制，预制栏板吊装完后必须有专人对预制栏板底拼缝高低差进行校核，高低差不大于3mm。另一方面，预制栏板拼缝需采用PE棒+聚合物水泥砂浆+MS胶水填缝，设置玻纤网每边搭接不小于100mm，防水腻子打底后刷涂料，有效地解决栏板拼缝开裂的质量问题。

3.预制外墙板节点

预制外墙板的吊装应设置引导绳，待墙体下放至距楼面0.3m处，根据预先定位的导向架及控制线微调，微调完成后减缓下放。由2名专业操作工人手扶引导降落，一名工人通过观察红外线定位点及利用梁外侧凹槽位置进行定位。

工作面上吊装人员提前按构件就位线和标高控制线及预埋钢筋位置调整好，将垫铁准备好，构件就位至控制线内，并放置垫铁。

外挂墙板底座、竖向与现浇结构结合防开裂渗漏控制要求：外挂墙板内侧设置20mm厚无收缩砂浆坐浆，外侧设置PE棒+密封胶封堵缝隙，多遍涂刷JS防水涂料；竖向拼缝多遍涂刷JS防水涂料，设置玻纤网格布加强层，刮两道耐水腻子（图5-25）。

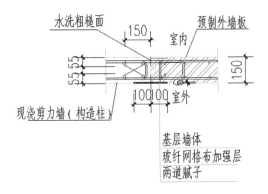

图5-25 外挂墙板竖向连接

（三）机电管线安装

本项目采用精装一体化设计，为电气、给水排水、暖通、燃气各点位提供精准定位，不用现场剔槽、开洞，避免错漏碰缺，保证安装装修质量。项目对机电管线进行综合设计，减少了平面的交叉和过度集中，每套内的管线户界分明，竖向管线相对集中布置。机电管线综合设计时还与预制构件的钢筋网片通过模数网格进行了管线综合设计，避免管线与结构钢筋的交叉和碰撞，使得各专业施工有序推进，保证了施工进度以及质量。

（四）装饰装修施工

项目现场的装饰装修施工严格按照装修设计图进行施工，交付时固定面装修和设备设施安装全部完成，达到建筑使用功能和性能的基本要求。项目装修包含顶棚吊顶、架空地板和干挂墙面，具体装修工程包括涂料工程、楼地面工程、铺砖楼地面工程、顶棚工程和轻钢龙骨石膏板吊顶工程等，项目装饰装修施工前，分别就各项工程制定了对应施工方案，施工过程严格按照施工方案及相关工艺进行。其中吊顶的使用部位为普通教室、实验教室、选修教室、公共走廊及宿舍走廊；架空地板的使用部位为计算机教室；干挂墙面的使用部位为多功能厅、音乐教室、舞蹈教室（图5-26）。

图5-26　教师办公室装饰装修

五、综合效益分析

深圳市第二十高级中学建成以后可提供公办学位1800个，缓解当地高中学位紧缺的情况。项目克服用地紧张的困境，通过层层退台形成架空露台，推导出上小下大的圆台建筑形式，将学校操场架空，创造了多层面的使用空间，为师生创造了更为舒适的学习和生活空间。

本项目加快施工进度，采用多种预制构件有效减少了工期，例如开槽型不出筋混凝土叠合板的运用可减少架体搭设约20%，板模板支设减少近50%。经估算，该项目在实施的全过程中，与传统模式相比，可减少用工95人，减少工期42天。

本项采用装配式建造技术，使用工业化预制构件，构件形状规则、模具造型简洁、易于生产，且构件种类少、重复率高、可复制，使预制构件的生产、装配达到了较高的工业化水平，避免了施工现场的大面积湿作业施工，节约施工用水、用电和现场原材料堆场土地面积，并大量减少了粉尘及噪声污染。

六、结语

深圳市第二十高级中学项目为探索标准化设计与多样化实现方式作了深入研究与应用，是装配式混凝土结构体系的一次成熟应用，项目还首次采用了预制弧形栏板+外立面条绒效果，并尝试饰面反打工艺，这些探索将为深圳市装配式建筑的发展提供宝贵经验。深圳市第二十高级中学于2021年8月30日交付深圳技术大学附属中学使用，校方使用至今一直对学校较为满意，校园整体环境得到在校师生以及学生家长的一致好评。

06

深圳市下梅社区幼儿园项目

□ 建设单位｜深圳市福田区建筑工务署

□ 代建单位｜中建宏达建筑有限公司

□ 勘察单位｜深圳市岩土综合勘察设计有限公司

□ 设计单位｜奥意建筑工程设计有限公司

□ 施工单位｜中建三局第二建设工程有限责任公司

□ 监理单位｜深圳市九州建设技术股份有限公司

□ 构件生产单位｜中建海龙科技有限公司

一、项目概况

（一）用地情况

下梅社区幼儿园用地位于深圳市福田片区下梅林梅华路天心花园内，四周为村道。项目总用地面积3839m²（图6-1）。

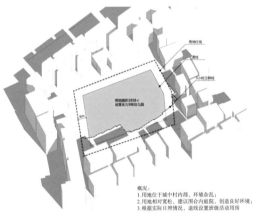

图6-1　项目区位图（上）和项目实景图（下）

(二)规划设计指标

项目总建筑面积为4774m²，规划可建成9班幼儿园，提供幼儿学位270个。

根据深圳市幼儿园建设标准要求和用地情况，主要建设内容包括幼儿教室活动单元、多功能厅、机动教室、音体室、架空活动区及室外活动场地、办公用房、生活服务用房及设备用房等，其中幼儿园用房面积4104m²，架空面积670m²。

本项目建筑为1栋三层幼儿园，幼儿园各层功能设置为：一层为架空活动、门厅、多功能厅、厨房及水泵房等，二至三层为标准教室活动单元、教师办公室、机动教室等，建筑高度12m。设计采用围合聚落式布局以规避周边建筑干扰影响，在有限场地内创造适宜幼儿活动、鼓励儿童探索的内向型园区（图6-2）。

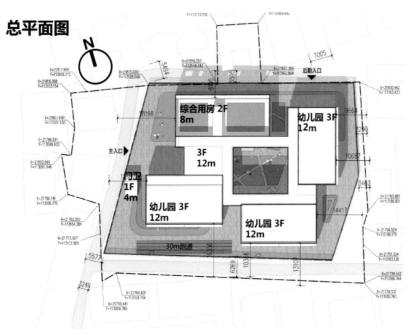

图6-2　建筑总平面图布置图

（三）装配式建筑技术应用情况

下梅社区幼儿园是一栋三层钢结构模块化建筑，其结构体系为叠箱—底部框架结构。首层为钢框架，第二、三层为标准化模块单位，其中二层使用50个模块单元、三层使用41个模块单元。

二、设计

（一）建筑设计

1.建筑设计理念

本项目建筑设计以对幼儿教学生活的标准化单元的研究为基础展开设计，并充分考虑了单元模块的生产建造要求，利用模块的不同组合方式适应各个不同地块，在标准化建造的前提下充分考虑每处幼儿园的个性化设计，创造富有特色与个性的活动场所，提供激发儿童成长潜能的幼儿园空间环境（图6-3）。

通过建筑体块围合，形成环境独立的庭院，环以趣味围廊，充分利用架空空间，打造充满活力的幼儿园（图6-4）。

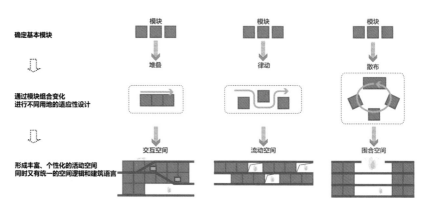

图6-3 项目模块组合图

通过建筑体块围合，形成隔绝周遭吵杂环境的独立庭院；环以趣味围廊，充分利用架空空间，打造充满活力的幼儿聚落。

幼儿聚落·活力庭院

图6-4　建筑庭院效果图

周边城中村与地块间隔较近，对地块的日照有一定影响，且周边环境嘈杂，故班级模块选择用地错落围合的布局，在喧闹的环境中创造相对独立的庭院活动空间，利用架空活动场地相互渗透。

2.平面标准化

通过对平面各功能区的标准化设计研究，综合考虑结构体系、建筑内装、围护结构、设备管线的系统及技术集成，项目整体采用3m×12m的基本模块进行组合设计，每个标准班级活动室由3个基本模块和一个卫生间盥洗室模块组合而成。为满足各空间净高要求，同时考虑到运输限制，标准模块单元高度采用3.8m，以此为基础展开各类构配件的深化设计（图6-5、图6-6）。

3.立面标准化

立面设计同样采用标准模块构件，考虑开窗、室外空调机位的隐藏及外遮阳构件，通过模块元素组合变化和引入立面"趣味插件"创造丰富、活泼、符合儿童心理特征的立面形象。针对外立面复杂的特点，项目结合模块划分，对外立面进行模块化切割，外凸造型一体成型（图6-7）。

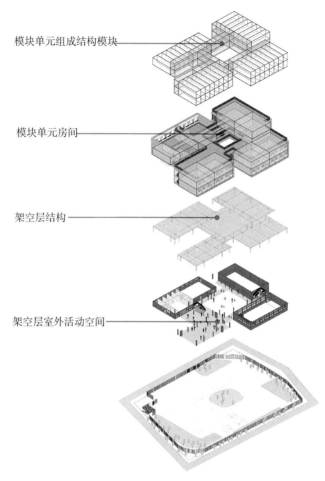

模块单元组成结构模块

模块单元房间

架空层结构

架空层室外活动空间

图6-5 项目平面模块分布

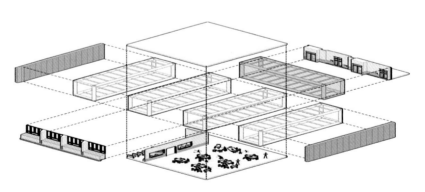

图6-6 标准班级活动室模块单元爆炸图

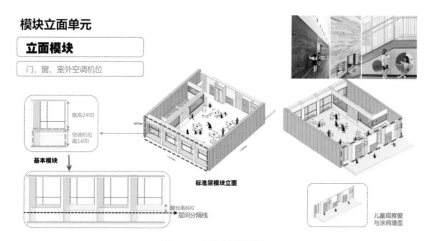

图6-7 建筑立面效果图

（二）结构设计

1.结构体系

本项目是由底层钢框架和第二、三层模块单元组成的叠箱—底部框架结构体系，底部的钢框架安装方便、布置灵活，能满足复杂功能的布局需求；上部模块单元，采用节点板与拉杆相互连接，拼装简单，快速施工。

该结构体系具有以下优点：

一是叠箱—底部框架结构体系，在满足建筑需求的情况下，布置灵活，模块之间的新型干式连接施工简单、受力安全。

二是模块单元采用标准化设计，装修、管线高度集成，能最大程度实现工厂预制，现场拼装，极大缩短工期，节约成本。

三是各层楼板均为混凝土板，使用舒适度较好。

2.标准模块单元设计

模块单元自身采用钢框架结构，根据建筑功能分区划分模块，二层50个模块、三层41个模块。由于该建筑性质为学校教学楼，使用功能多，主要有教室、卫生间、楼梯、走廊等，因此划分出的模块类型也较多，共有19种类型（图6-8、图6-9）。

本项目模块单元结构主型材均选用的Q355钢，次要构件选用的Q235钢，由于模块跨度大，单个模块钢结构重量约7.1t。

模块单元钢柱上下端设置20mm厚的柱端板，柱端板形式可以

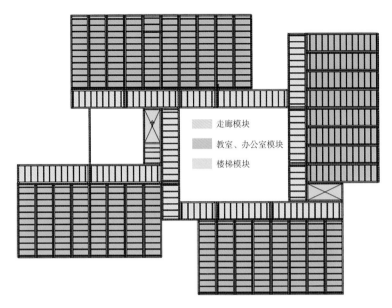

图6-8　二层模块平面布置图

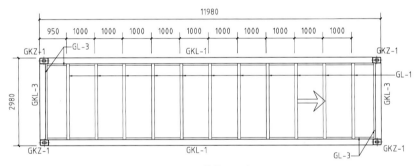

图6-9　三层模块平面布置图

匹配模块单元连接件以及起吊件，根据《建筑抗震设计规范（2016年版）》GB 50011—2010多高层钢结构建筑抗震构造措施的要求，在梁高位置设置了柱内隔板（图6-10）。

模块单元的钢梁与钢柱均为全熔透焊，钢梁焊接前应开设好坡口以便于焊接（图6-11）。

楼板采用压型钢板混凝土组合楼板，根据《钢结构设计标准》GB 50017—2017要求，压型钢板组合楼板的总厚度不应小于90mm，且压型钢板肋上混凝土厚度不应小于50mm，为满足规范要求，本项目将组合楼板厚度定在100mm，压型钢板型号选用YX51-250-750-1.0（图6-12）。

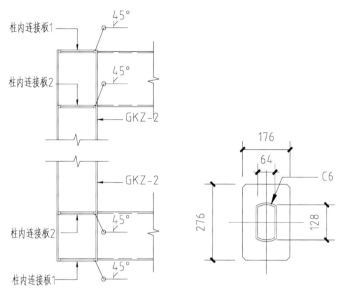

图6-10　钢柱和柱端板

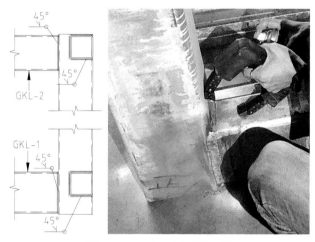

图6-11　开设坡口和梁柱熔透焊

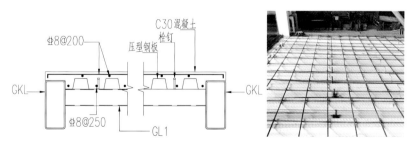

图6-12　组合楼板

在之前同类项目实施过程当中，出现轻钢龙骨墙体与楼板之间产生一定的间隙的问题。因此，本项目汲取之前的经验教训，在卫生间模块、面向外廊的模块、开水间模块等均设置了200mm高的混凝土反坎，轻钢龙骨墙体固定于反坎之上，既避免了墙根渗水的风险，也能够便于后续的防水施工（图6-13）。

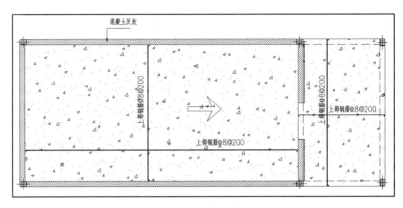

图6-13 反坎大样图

卫生间模块长度较长整体刚度较弱，考虑到卫生间防水要求较高，因此在模块长跨方向设置斜撑以增加模块整体刚度，避免吊装或运输产生较大的变形（图6-14）。

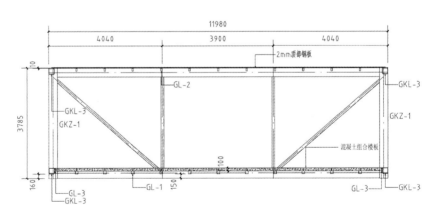

图6-14 卫生间模块图

本项目首层楼梯采用的是传统楼梯，二层、三层的楼梯则集成在模块中，在工厂与模块一同加工完成，能够大幅减少现场楼梯施工的工作量（图6-15）。

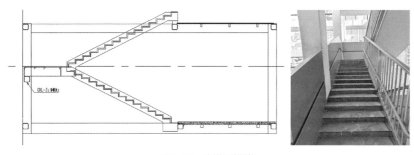

图6-15　楼梯间模块

3.基础设计

下梅社区幼儿园采用的是筏板基础，由于建筑原基础有遗留结构体，主要采用了换填处理措施，地基采用石粉换填至持力层，处理后的地基承载力要求不小于120kPa，筏板埋于地下，抗渗等级要求P6。

（三）机电设计

本项目电气系统设有供配电系统、电力及照明系统、自动控制系统、防雷及接地系统；弱电设计如下系统：火灾自动报警系统（含联动、广播系统等）、综合布线系统、有线电视系统、视频监控系统、门禁控制系统。各系统统一规划设计，考虑面积受限，电气采用箱式变压器及室外发电机模式配电；本项目电气按建筑物功能需求布置相应点位，项目总体设计规划已配合室内完成标准模块的弱电点位及照明插座点位设计，同时标准模块的机电管线综合统一（图6-16）。

图6-16　电气管线一体化集成

（四）装饰装修设计

本项目的装饰装修设计既考虑到符合幼儿身心健康的需要，选择色彩柔和、环保、安全的材料，又充分考虑到材料加工、组装工厂一体化、现场施工装配化的特点。

项目中所有隔墙都采用轻钢龙骨体系，利用龙骨空腔，填充岩棉，起到防火、隔声、保温的功能，同时作为水电管线的通道，不占用多余的空间，面板、线盒及配电箱等与墙体部品集成设计。墙面选用木纹板等，地面选用环保高级别PVC木纹饰面地胶，所有阳角均作圆角处理（图6-17）。

图6-17　装修材料示意图

（五）轻钢围护结构设计

项目的墙体采用了钢骨架+结构保温一体板+装饰板的结构，使用了"轻钢龙骨复合墙体"全干法墙体工艺，龙骨则采用0.8mm厚S550+AZ150高强高锌层冷轧带钢，截面形式为双肢C75，通过拉结龙骨形成组合桁架结构。

项目的墙体可与钢框架结构形成优良的匹配，以预制填充墙的形式，既可以工厂预装，也可以应对部分现场的整体吊装，是目前国际主流的钢结构模块维护体系。

（六）预制女儿墙结构设计

中建海龙科技有限公司结合多年来在香港做预制外墙的"内浇外

挂"装配式建筑技术的经验，特别是其与下层之间的防水构造做法，幼儿园的屋面采用一种新的"预制女儿墙+现浇屋面"的做法，其基本做法如下：

（1）深化女儿墙设计，在符合设计和使用要求的情况下，将女儿墙设计成便于预制生产的方案。

（2）在工厂按照标准模数预制生产女儿墙。

（3）吊装安装女儿墙，通过调平垫片和斜撑调整女儿墙水平度和垂直度（图6-18）。

（4）将调整到位的女儿墙与下层结构焊接固定。

（5）屋面按照传统做法铺设钢筋，预埋机电管线。

（6）以女儿墙为边模，一次浇筑整个屋面并按照建筑要求进行结构找坡。

（7）利用聚乙烯棒和硅酮胶处理女儿墙缝隙并进行试水。

（8）继续按照传统屋面建筑做法，完成屋面防水、防水保护层以及屋顶防腐木饰面。

"预制女儿墙+现浇屋面"的做法有以下优点：

（1）预制女儿墙的表观质量优于采用木模板现浇的墙体，可以作为屋顶边模使用，不需要踏出外架作业，施工安全性提高。

（2）整体现浇屋面，结构整体性好，排水防水、保温隔热等方面表现优异，还有利于减少局部可能发生的不均匀沉降。

图6-18　女儿墙吊装实景图

三、生产与运输

（一）生产环节

下梅社区幼儿园项目根据整体进度计划的安排，提前制定模块单元的生产、装饰装修计划并制定产品编号与二维码身份证，设置制作经理，配置各专业责任人，监理驻场监造，确保制作进度、模块单元质量及发运进度满足要求。

模块单元生产分为两大部分：钢结构和装饰装修施工，主要施工流程如图6-19所示：

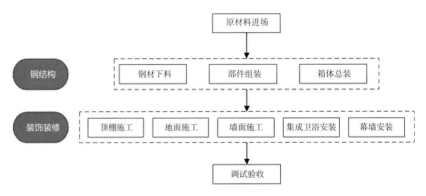

图6-19　模块单元钢结构及装饰装修施工流程图

1.模块单元的钢结构生产

模块单元的钢结构生产流程主要为：原材料检查→原材料预处理→部装及焊接→焊接检验→总装及焊接→焊接检验→打砂→喷防腐油漆→喷防火油漆→模块单元水密性测试→楼承板安装→栓钉焊接→钢筋绑扎→混凝土浇筑→混凝土养护（图6-20）。

模块单元主要生产质量检测措施：

（1）楼承板在原材料验收阶段，需要测量锌层的含量，符合图纸及工艺要求的，方可使用。栓钉焊接时用专用的栓钉枪，需要全熔透并且穿过楼承板固定到后面的主次梁上。栓钉检查时要求折弯不小于15°不断裂脱焊为合格。

图6-20 模块单元钢结构生产

（2）对焊接完成的模块单元进行防腐处理，先针对焊缝处进行打砂处理后，再整体喷涂底漆、中间漆、面漆，喷涂工艺及涂层厚度符合图纸及工艺要求。油漆喷涂完毕后，可以在烘干房内进行烘干，或自然风干。待完全干后，使用漆膜仪进行油漆涂层厚度检测，每个面检测不少于3个点，取平均值，平均值大于工艺要求时，为合格。

（3）对喷涂防火油漆及防火涂层厚度检查，防腐涂料干透后，根据图纸及工艺要求进行防火涂料喷涂，涂料干透后，进行防火涂料厚度测定，达到图纸及工艺要求时为合格。

（4）模块单元出厂前，进行水密性测试，在顶部淋水，检查模块单元内是否有漏水、渗水情况，如有，需要进行补焊后再修补油漆方可出厂。

2.模块单元内部生产

模块单元的内部装饰装修主要分为顶棚、地面、墙板、门窗4个大施工分区，其中南北两面、露台部位和内庭玻璃单元板块及层间保温岩棉、防水背板材料在模块单元生产厂内进行安装，现场仅完成收边收口。下梅社区幼儿园建设工程项目共计91个模块单元，模块单元装修计划分两个批次生产，20天为一个批次，第一批次生产37个，第二批次生产54个。

1）轻钢龙骨石膏板隔墙安装

主要生产流程为：放线→安装沿顶、地龙骨→安装门窗框→分档安装竖龙骨→安装横龙骨→安装管线与设备→安装石膏板（两面）→接缝及面层处理→细部处理（图6-21）。

主要生产质量控制点：

（1）轻钢龙骨石膏板隔墙工程边框龙骨必须与基本结构连接牢固，并应平整、垂直、位置正确。

图6-21 石膏板安装图

（2）轻钢龙骨石膏板隔墙施工时应选择合理的节点构造和材质好的石膏板。嵌缝膏选用变形小的原料配制，操作时认真清理缝内杂物，嵌缝膏填塞适当，接缝带粘贴后放置一段时间，待水分蒸发后，再刮嵌缝膏将接缝带压住，并把接缝板面找平，防止板面开裂。

（3）隔墙周边应留3mm的空隙，做打胶或柔性材料填塞处理，可避免因温度和湿度影响造成墙边变形裂缝。

（4）超长的墙体（超过10m）受温度和湿度的影响比较大，应按照设计要求设置变形缝，防止墙体变形和裂缝。

成品保护措施：

（1）轻钢骨架隔墙施工中，各专业之间要做好密切配合，留、预埋的位置正确，不错不漏，一次成活，墙内电管及设备施工不得使龙骨错位和损伤。

（2）轻钢龙骨和石膏板运输、存放、使用中应严格管理，确保不变形、不受潮、不污染，无损坏。

（3）施工完的隔墙要加强保护，避免碰撞，保持墙面不受损坏和污染。

（4）安装水、电管线和设备时，固定件不准直接设在龙骨上，应按设计要求进行加强。

2）轻钢龙骨石膏板吊顶安装

主要生产流程为：基层清理→弹线→安装主龙骨吊杆→安装主

龙骨→安装次龙骨→隐蔽检查→安装石膏板→板缝处理→分项验收。

主要生产质量控制点：

（1）吊顶的标高、尺寸、起拱和造型与石膏板的材质、规格、品种、图案均应符合设计要求。

（2）吊杆和主、次龙骨的安装牢固。

（3）吊杆、龙骨的规格、安装间距及连接方式符合设计要求。

（4）石膏板的接缝应按其施工工艺标准进行。

（5）吊杆、龙骨的接缝均匀一致，角缝吻合，表面平整，无翘曲。

成品保护措施：

（1）轻钢骨架、纸面石膏板及其他吊顶材料在入场存放、使用过程中应严格管理，保证不变形、不受潮、不生锈。

（2）装修吊顶用吊杆严禁挪作机电管道、线路吊挂用；机电管道、线路如与吊顶吊杆位置矛盾，须经过工程技术人员同意后更改，不得随意改变、挪动吊杆。

（3）吊顶龙骨上禁止铺设机电管道、线路。

（4）轻钢骨架及纸面石膏板安装应注意保护顶棚内各种管线，轻钢骨架的吊杆、龙骨不准固定在通风管道及其他设备件上。

（5）为了保护成品，纸面石膏板安装必须在棚内管道、试水、保温等一切工序全部验收后进行。

（6）设专人负责成品保护工作，发现有保护设施损坏的，要及时恢复。

（7）工序交接全部采用书面形式由双方签字认可，由下道工序作业人员和成品保护负责人同时签字确认，并保存工序交接书面材料，下道工序作业人员对防止成品的污染、损坏或丢失负直接责任，成品保护专人对成品保护负监督、检查责任。

3）卫生间防水施工

主要生产流程为：基面处理→涂底胶→聚合物水泥基防水涂料配制→节点部位加强处理→大面分层涂刷聚合物水泥基防水涂料→防水层收头→组织验收。

主要生产质量控制点：

（1）涂底胶时，当遇到基层平整度较差，应在改性剂中掺和适量的水（一般比例为改性剂∶水 =1∶4）搅拌均匀后，涂抹在基层表面做底涂。

（2）已凝胶或结膜的胶料不得继续使用或掺入新材中搭配使用。

（3）大面分层涂刮聚合物水泥基防水涂料：分纵横方向涂刮聚合物水泥基防水涂料，后一涂层应在前一涂层表干但未实干时施工（一般情况下，两层之间间隔时间为 2～4 小时），以指触不粘为准。涂膜厚道要求不小于 2mm。

（4）聚合物防水砂浆改性剂必须符合设计要求和规范规定。通过检查出厂合格证、质量检验报告、计量措施和现场抽样复验报告进行检验。

（5）防水层严禁有渗漏现象，通过观察检查或淋水、蓄水检验。

防水施工环保措施：

（1）防水材料以及防水施工所用的稀料、汽油等易燃、易爆品必须设专门的库房保管，库房内严禁人员住宿，库房远离生活区，要求室内温度不宜过高，通风良好，悬挂"严禁烟火"的警示牌，并配备足够数量的灭火器等消防设备。

（2）防水材料、稀料和汽油在堆放时要求码放整齐，按类堆放，堆放高度不宜超过三层，避免最底部的包装罐受压破裂，造成外溢。

（3）防水操作人员进场严禁携带火种，严禁在施工现场吸烟或进行其他明火作业。

（4）防水施工过程中的废弃物严禁随意丢弃，必须统一交到垃圾站（有毒有害不可回收）进行处理。

4）墙面瓷砖施工

主要生产流程为：基层处理→抹底层砂浆→刷防水涂料→抄平、弹线、套方→贴标志砖→镶贴面砖→清洁。

主要生产质量控制点：

（1）基层处理不当或瓷砖勾缝不严则面层容易产生空鼓、脱落。施工时应严格按照工艺标准操作，重视基层处理和自检工作，发现空鼓的应立即返工重贴，整间或独立部位宜一次完成。

（2）打底子灰时应严格按照操作流程去吊直、套方，否则容易出现阴阳角不方正的问题。

（3）勾缝后砂浆应及时擦净，若发生墙面污染，可用棉丝蘸稀盐酸刷洗，然后用清水冲净。

5）地面地砖施工

本项目中的地面瓷砖铺设结合层有水泥胶结合层和普通水泥砂浆结合层。其主要生产流程为：基层处理→弹线→试拼、试排→铺水泥砂浆结合层→铺板块→灌缝、擦缝→清洁。

主要生产质量控制点：

（1）面层所有的板块的品种、质量必须符合设计要求。

（2）面层与下一层的结合（粘结）应牢固，无空鼓。

成品保护措施：

（1）在铺贴板块操作过程中，对已安装好的门框、管道都要加以保护，如门框钉装保护铁皮，运灰车采用窄车等。

（2）切割地砖时，不得在刚铺贴好的砖面层上操作。

（3）刚铺贴砂浆抗压强度达1.2MPa时，方可上人进行操作，但必须注意油漆、砂浆不得存放在板块上，铁管等硬器不得碰坏砖面层。喷浆时要对面层进行覆盖保护。

（二）运输环节

本工程模块单元总量为91个，单个模块单元（含装修）重为21～25t，部分卫生间模块约为27t，均采用50t平板挂车运输，每天运输约需12台平板挂车，并且留有备用车辆，一台平板挂车可装载1个标准模块单元。实际运输前，应制定严格的装载加固方案，认真勘测道路、桥梁及空中障碍，严格遵循安全技术操作规程，明确装载人员的分工，提前准备各种装载机具，准确边走支撑位置，做好保护措施，提出防止装载货物倾斜的措施，做到均衡平稳装载，捆扎牢固，确保安全运输。

根据交通部门的规定，模块单元的运输为超限运输，运输前应提前办理超限运输手续，运输时需与公安、路政、市政等部门密切配合，在道路狭窄路段，应实施交通管制措施。整个工程运输总重量约2275t，运输持续工期约7天。本工程模块生产工厂距离下梅社区幼儿园项目所在地，整个路线最短全长约为188km，运输时间约为3小时。

四、施工

（一）施工计划

采用模块化建造的项目，模块单元大部分工程在工厂生产及施工，现场主要进行基础施工、吊装及连接，下梅社区幼儿园主要节点工期计划见表6-1：

主要节点工期计划表　　　　　　　表6-1

序号	类别	分部分项工程	完成时间
1	基础部分	施工设施准备	2020年9月6日
2		施工段1土方开挖	2020年10月10日
3		施工段1独立基础施工	2020年10月16日
4		施工段2土方开挖	2020年10月19日
5		施工段2独立基础施工	2020年10月26日
6		首层板施工	2020年11月1日
7	钢结构部分	首层钢结构吊装	2020年11月18日
8		二层模块单元吊装	2020年11月21日
9		垫片安装	2020年11月22日
10		三层模块单元吊装	2020年11月27日
11		屋面工程	2020年12月5日
12		模块单元室内装修工程	2020年12月4日
13		收尾及验收工程	2020年12月28日

充分利用模块化建造的快速建造优势，并通过周密的计划，项目从土方开挖到验收仅用了2个半月的时间，对比传统项目，其工期大幅减少。

（二）主体结构施工流程

项目现场主体结构施工流程即为吊装安装流程，主要流程顺序为：起吊前的准备工作→编制、确认吊装方案→机具及吊具用料准

深圳市教育类装配式建筑项目案例汇编

备→吊车站位、配重安装→目标吊装物调整、捆扎→试吊、吊装吊车退场。由于项目标准化模块单元体积较大，重量较重，在吊装过程中应重点注意做好防风措施，注意气象情报的收集和传达，每天工作前后要预测风对起重机的影响（图6-22）。

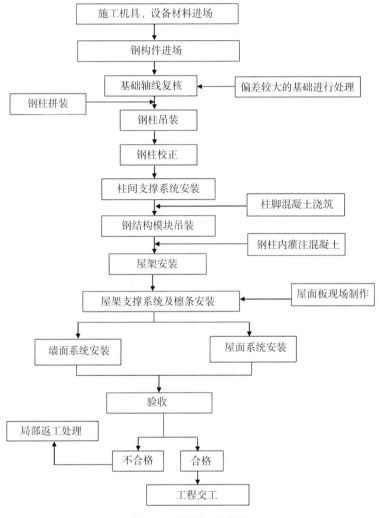

图6-22 现场施工流程图

（三）施工重难点分析

1.施工重难点

（1）施工环境复杂。施工地点位于市中心区、居民区周边，地下管线复杂，环保施工要求更高。

（2）场地小、工期紧。项目用地面积紧凑，而模块单元重量大，需采用220t左右的大型吊车，且需满足模块单元运输以及各方材料堆放需求，可用场地狭小。

（3）模块单元运输及吊装难度大。模块单元运输时需考虑超重、超宽、限行等各方面因素，运输难度大，而且模块单元尺寸和类型多，数量大，平均重量20余t，最大重量30t。吊机摆位困难，吊装难度大，施工协调复杂。

2.重难点应对措施

（1）合理组织施工、协调监控周边环境。一方面，建立完善的组织架构体系，成立由公司总经理为指挥长的项目指挥部，负责总揽全局、统筹协调；每个项目安排一个独立的管理团队，负责组织协调各自项目的现场施工管理。另一方面，每个项目安排专人负责与周边居民、街道办、派出所、交警大队等部门对接，负责组织协调外围关系，确保项目施工顺利进行。

（2）合理的平面布置和平面管理。进场前对场地标高、面积进行详细的测量，根据用地红线定出外墙线，规划材料堆放、运输通道用地；前期利用中庭区域进行转运以及各类吊装工作，临时道路端部设置回转场，满足车辆转弯及消防要求；材料进场严格进行需用量计算，避免占用场地和增加保管费用。配备专人对施工总平面进行动态策划，结合施工现场实际进行施工总平面的动态管理。

（3）缜密测算合理配置人力、物力和机械投入力。按照合理顺序和方位进行基础施工工作，分区进行钢模块吊装工作，在某一区域吊装完成后，装修队伍即可提前入场施工，加快工期进度。

（4）制定方案、合理分区、选择合理的施工材料和方法。在吊装期间，按照"回"字形将施工区域划分为三大区域，分区吊装并且制定详细的专项吊装以及运输方案；吊装方案应精确考虑吊机摆位、吨位、吊装验算、运输路线路况等各方因素，做好应急预案；吊装完毕后，及时进行模块单元拼接以及专业的临时防水措施，随时预防雨季以及台风带来的影响。

五、综合效益分析

下梅社区幼儿园项目用地深入居民社区内部，且工期要求极为紧迫，常规施工作业难以实现快速交付，所以项目采取标准模块化设计、工厂预制生产、拼装建造的方式，将85%以上的工序在工厂内完成，现场仅需简单的吊装和管线接驳工作，极大提升了建设效率，快速实现了270个幼儿学位的增量，有效地缓解了当地幼儿学位紧张的问题，为优质教育资源普惠于民贡献力量。

在经济效益方面，本项目采用的模块化建造技术使项目的施工工期较传统建筑缩短50%～60%，现场劳动用工减少40%～50%，减少了大量的人工成本、时间成本和管理成本。

在环境效益方面，通过模块化建筑的标准化设计、工厂化生产、装配化施工、一体化装修、信息化管理、智能化应用，最大程度提升建造过程的资源、能源利用率，降低项目全生命周期碳排放，减少水耗约60%、节约木材约80%、减少建筑垃圾约80%，助推建筑业高质量发展。此外，本项目采用可拆卸式连接方式，拆装快捷方便，拆卸后模块结构、机电、管线、装修、连接节点等80%以上的功能价值可重复利用，可改造用于其他项目，模块的全生命周期成本降低。

六、结语

近年来，深圳市福田区通过"零地"探索，应用模块化建筑技术集中打造了一批幼儿园，快速缓解了幼儿学位紧张的困境，下梅社区幼儿园是其中较有代表性的一个项目。运用钢结构模块化建筑，将标准模块单元在工厂预制，现场采用装配式施工方式，本项目既实现了快速建造交付，而且还大幅减少现场作业污染、建筑垃圾及噪声影响。模块化建筑具有高质量、可腾挪、可改造、能循环利用的特点，下梅社区幼儿园项目的成功实施，是深圳市在新型建筑工业化浪潮中实践摸索教育类装配式建筑项目建设新模式的一次尝试，对推动学前教育项目规模和质量的"双提升"具有重要意义。

深圳市泰宁小学腾挪校舍项目

□ 建设单位｜深圳市罗湖区政府投资项目前期办公室、罗湖区建筑工务署

□ 工程总承包单位｜中建科技集团有限公司

□ 模块加工单位｜中建集成科技有限公司

□ 监理单位｜深圳市振强建设工程管理有限公司

一、项目概况

（一）用地情况

泰宁小学腾挪校舍项目规划用地面积为4027m²，建设地点位于深圳市罗湖区东湖街道太安路南侧近爱国路路口处，原为东湖汽车客运站。西侧和南侧为住宅区，东侧为原有市政绿化，提供了良好安静的教学环境，北侧为太安路，保证了交通便捷性；周围1km范围内有医院、公园、商场等完善的基础设施（图7-1）。

图7-1 项目航拍图

（二）规划设计指标

泰宁小学腾挪校舍按照24班1080个小学学位的规模建设，总建筑面积为6538m²，采用钢结构模块化建造技术，项目为一栋整体建筑，地上3层，无地下室，主要内容包括教学及辅助用房、行政办公和生活服务用房、设备设施用房，可满足教学的基本需求。

项目整体为钢结构模块化建筑，建筑共3层，各模块单元间采用连接件紧密连接，且每个模块单元均在工厂进行制作加工，通过工厂流水线标准化的生产质量管理，减少了建材废料，提高了加工效率。项目采用的预制构件包括钢梁、钢柱、结构预埋件、预制楼板、钢结构楼梯、预制线槽支架等，教学楼预制率为80%，装配率达85%。当项目地块未来再次面临城市更新时，该学校的模块可快速拆除，异地重建，利用率可达90%以上。

二、设计

（一）建筑设计

项目的建筑设计遵循模数化原则进行，首先根据场地与学校建筑规范要求确定标准模块单元的尺寸，其次将模块单元进行组合形成不同功能模块，再根据项目需求的学位数量、造型要求、会议室大小等，将功能模块进行有序组合，形成最终的学校方案。

根据项目需要和学校各功能房的规范要求，对泰宁小学腾挪校舍设计了7种标准尺寸的模块单元。其中01I型标准模块单元75个，01A型标准模块单元3个，01B型标准模块单元3个，01C型标准模块单元3个，02I型标准模块单元6个，03I型标准模块单元49个，04I型标准模块单元3个（表7-1、表7-2）。学校的各教学功能模块均由这7种标准模块单元组合而成，如教室模块由两个01I型标准模块单元并排组合而成，楼梯模块由01A型、01B型和01C型三种标准模块单元叠合而成。学校的功能模块分为：教室、办公室、卫生间、设备房、走廊、楼梯等，其中办公室模块可通过组合衍生出各种用房，如会议室、餐厅、多媒体室等。

模块编号	模块单元长度（mm）	模块单元宽度（mm）	模块单元高度（mm）	轴侧示意图
标准模块单元01I	11390	4480	3600	
标准模块单元01A	11390	4480	3600	
标准模块单元01B	11390	4480	3600	
标准模块单元01C	11385	4480	3600	
标准模块单元02I	11385	4480	3600	

模块编号	模块单元长度（mm）	模块单元宽度（mm）	模块单元高度（mm）	轴侧示意图
标准模块单元03I	8080	4480	3600	
标准模块单元04I	8980	4030	3600	

项目模块单元用量表　　　　表7-2

功能模块名称	功能模块数量	标准模块单元						
		模块单元01I	模块单元01A	模块单元01B	模块单元01C	模块单元02I	模块单元03I	模块单元04I
教室	24	48						
办公室及衍生功能	16	24						
教师卫生间	3	3						
男卫生间	3					3		
女卫生间	3					3		
设备房及衍生功能	3							3
走廊箱及衍生功能	33						49	
楼梯模块	3		3					
				3				
					3			
标准模块单元数量合计		75	3	3	3	6	49	3

1.平面标准化

项目通过对平面功能区进行标准化的设计研究，各标准功能模块通过排列组合形成各种大小的矩形组合，满足各种用房需求。基于教学楼建筑功能相对稳定的特点，将各功能模块归纳为教学功能模块（包含教室和办公室）、辅助模块（包含设备房、卫生间）和交通功能模块（包含走廊和楼梯）三大类功能模块。

考虑模块单元拼接缝隙，教室模块和办公室模块的标准模块单元01I型的平面尺寸为11390mm×4480mm，使用功能与视觉效果明确，重复率高，是标准化设计的核心模块。办公室模块和教室模块平面布置图如图7-2、图7-3所示。

图7-2　办公室平面图

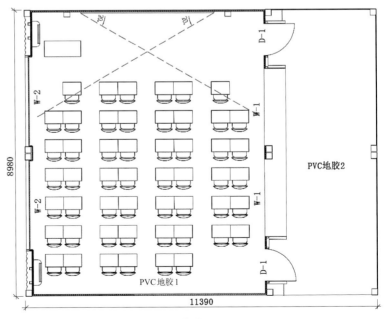

图7-3　教室平面图

其他类型功能模块，如辅助功能模块（卫生间）的尺寸也统一设计为11390mm×4480mm。通过平面尺寸统一，内部空间设计多样，实现标准化与个性化的结合。

根据每层楼设计的使用功能，将各类功能模块组合形成标准层，实现变化自由及功能适应的灵活性（图7-4）。再通过平面标准化，对平面楼层进行标准叠加形成整栋模块化学校建筑（图7-5）。

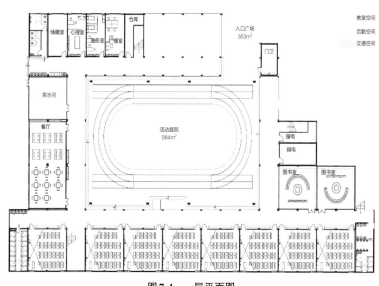

图7-4　一层平面图

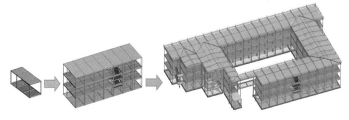

图7-5　模块组合模型图

2.立面标准化

学校立面造型根据标准模块单元立面尺寸进行标准化设计，包括立面幕墙标准件和标准安装连接件，并确定好安装工艺。

本项目的立面设计首先在教室、办公室等教学功能模块设计出标准立面模块，然后再利用卫生间、设备房等辅助功能模块的立面进行差异化设计，丰富立面效果。项目还考虑了深圳地区的气候特点，南向宜采用水平遮阳方式；东向、西向宜采用水平遮阳或挡板式遮阳（图7-6）。

图7-6 泰宁小学南立面实景图

3.构件标准化

项目的模块单元由钢梁、钢柱、结构预埋件、预制楼板、钢结构楼梯等多种标准化构件组成（图7-7）。

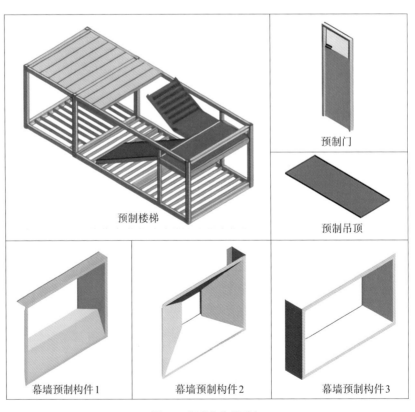

预制楼梯

预制门

预制吊顶

幕墙预制构件1

幕墙预制构件2

幕墙预制构件3

图7-7 标准化构件列表

4.部品标准化

部品指通过工业化技术手段将多种配套构件进行集成的功能部件。本项目考虑到学生的储物需求，将走廊墙体与储物柜进行一体化设计。教室前后门之间的墙体设置储藏模块，利用结构柱两侧面板间的距离，综合设置储物柜、消火栓箱、双侧储物矮柜等，使教室内外各项功能高度集成，无须校方另行采购储物家具，同时保证教室空间的完整性。部品在工厂进行标准化预制，预制完成后运输到现场进行整体安装，保证了部品生产品质，提高了项目的施工效率。

（二）结构设计

1.结构体系

泰宁小学腾挪校舍项目采用叠箱结构，模块单元的结构框架由矩形钢管焊接而成，各模块单元之间由连接件进行结构连接。首层模块单元底部由预埋件和首层连接件经焊接固定于混凝土结构基础上，并通过连接件与四周模块连接，往上都是各层模块单元底部由连接件固定于下一层模块单元顶部，并与周围各模块的连接件连接。

2.关键节点设计

模块单元间连接是叠箱结构的关键部分，具有多柱多梁的连接特点。如角柱的"两柱四梁"、边柱的"四柱八梁"和中柱的"八柱十六梁"（图7-8），应做到强度高、可靠性好；模块单元间的节点连接在工地现场施工时，应有容错空间，便于施工安装和检测。

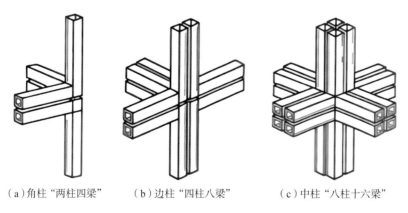

（a）角柱"两柱四梁"　　（b）边柱"四柱八梁"　　（c）中柱"八柱十六梁"

图7-8　不同柱类型节点示意图

各模块单元的梁柱连接、梁梁连接均为焊接；模块单元之间采用连接件连接。首层模块单元在其底部钢立柱部位由首层连接件焊接到预埋件上进行结构固定，预埋件在混凝土结构基础浇筑时进行预埋固定，如图7-9、图7-10所示。

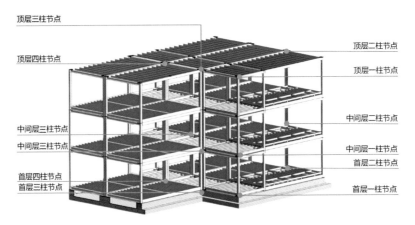

图7-9 模块组合与连接节点示意图

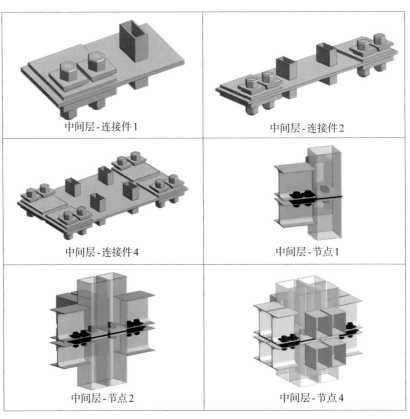

图7-10 连接件与节点大样图

（三）机电设计

项目教学楼由于吊顶内空间有限，故设计为壁挂机空调和壁式换气扇，优先采用自然通风方式；机电设备管线系统采用集中布置，各楼层采用集中线槽从强弱电设备间分布至教室及其他功能房间，室内消火栓主管在走廊吊顶下安装后接至各消火栓。照明、消防、弱电等管线安装在吊顶内部，或暗藏在墙面及顶棚内部。强弱电桥架及室内消火栓管道吊装在结构钢梁下，采用吊顶进行装饰隐蔽。背景音乐与消防广播系统共用末端，主机切换功能，顶棚上设镀锌线管，所有终端数据汇集到广播中心，操场区域独立分区。机电管线主要利用墙面、包柱、顶棚安装线槽，实现了管线与结构的分离，尽量减少了碰撞（图7-11）。

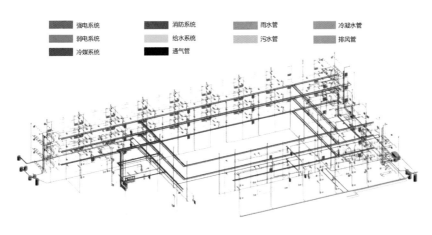

图7-11 项目机电BIM模型图

（四）装饰装修设计

教学楼的室内装饰设计考虑材料加工及组装工厂一体化、现场施工装配化的特点，通过模块化设计、工业化生产加工，然后到现场进行整体组装，最大限度提高项目安装效率。墙面选用木饰面、硬包、软包、吸声板等材料，由加工厂进行大规模的工厂化生产，板块到现场之后直接根据深化设计排版图对号入座进行安装。顶棚选用铝板、吸声板等材料，采用顶棚钢架转换层、墙面钢架等基层做法，由传统的钢架焊接工艺改为栓接工艺，实行场外模块化批量定制加工，现场直接进行组装，减少现场电焊工作量和危险源，提高了工作效率（图7-12、图7-13）。

图7-12 装修实景图1

图7-13 装修实景图2

（五）BIM协同设计

本项目实施BIM正向设计。在设计阶段，各专业基于同一标准实现各专业协同，建立了建筑、结构、水、暖、电、精装等各专业的BIM模型，为后续全过程BIM协同工作提供基础数据支撑。

项目运用BIM技术对各专业设计模型进行综合碰撞检查。对模型中涉及的管线穿梁、管线穿墙等问题提前进行模型深化，并进行管线孔洞的预留，避免了机电管线在后期安装过程中进行临时开凿孔洞的问题。项目利用BIM优化设计和深化设计，并建立BIM标准化预制构件族库。对预制构件和机电管线的排布质量与效果进行可视化审查，提高审查效率。此外，基于BIM技术进行工程量统计、三维出图和设计交底等，便于对工人进行培训，使其在施工前充分了解施工内容和顺序，提高工作效率（图7-14）。

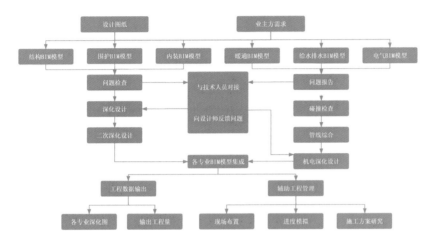

图7-14　BIM协同设计流程图

三、生产与运输

（一）生产环节

本项目在设计阶段充分利用BIM信息模型、图纸构件深化优势（明确模块尺寸、类型、埋件定位、连接螺栓），将精细化模型贯穿项目实施全程，充分利用工厂化生产的高度集成，实现了建筑各层、各个空间在工厂平行加工；与此同时，施工现场展开建筑基础、市政管线预埋施工，现场完成基础后在工厂完成装修的教室模块运输至现场整体组装，彻底打破了传统施工逐层递进的工序限制，所有预制钢模块构件的生产工作在40天内完成。

为保证现场吊装安装与工厂生产、库存的合理接驳，在均衡生产的基础上，本项目制定专项生产计划与生产方案，要求工厂生产进度与现场施工进度相匹配，并至少确保两天吊装的模块单元富余量。模块单元生产完成后，转由二场地进行一级吊顶（石膏板）、地面水泥纤维板施工及舾装板隔墙安装；在此工作完成后进行线管铺设，同时合理安排人员进行流水施工，保证模块单元预制率，减少现场大面积施工造成的人工损耗。

模块单元主要生产流程为：原材料前处理→配件机加工→配件焊接→部件焊接→总装焊接→喷涂地板→吊顶安装→墙板安装→线路铺设→内部精装→打包防护→运输。

1.焊接

1）配件焊接

本项目的配件焊接主要包括：立柱焊接、角柱连接件焊接、安装连接板焊接、侧墙拼焊、顶瓦拼焊。其中立柱焊接规格为：8mm×200mm×250mm×3600mm；角柱连接件的规格为：20mm×250mm×430mm；顶底角柱各连接件规格一样，按连接螺栓锁箱位置对称制作；侧板拼焊为外围防雨窗台板焊接；整个项目顶瓦采用钢板满焊做防水隔热顶瓦，焊接工艺为全自动机械焊接，焊缝要求满焊，焊角高度不低于2mm。

2）部件焊接

项目端部焊分为前端部焊接、中端部焊接、后端部焊接、底架焊接、顶架焊接。主要焊接流程为：工装制作调试→配件固定→部件整体组装→首件尺寸复核→部件组装点焊→复核调节尺寸→满焊→焊缝打磨→焊接处刷防锈漆→部件堆放。

3）总装焊接

项目的总装焊接即整个模块单元按部件组装总焊，主要需要使用的工机具包括：总装平台、夹具、角磨机、电焊机、手电钻、毛刷、钢尺等。其主要焊接流程与部件焊接相似，焊接后所有主受力结构焊缝需进行超声波探伤检测，焊缝感官应达到外形均匀、成型较好，焊道与焊道、焊道与母材处过渡平滑，焊渣和飞溅物清除干净。

2.地板、吊顶安装

（1）地板安装首先在每根檩条上方放置减震条，然后在防震条上铺设防水透气膜。纤维水泥板按排布图进行铺设，用自攻自钻钉固定在底梁、檩条上，打钉间距不大于400mm。板与板之间间隙不超过1mm，接缝不平处对表面进行打磨，用原子灰找平。

（2）吊顶安装首先进行保温棉的铺设，然后进行铺设硅酸盖板，最后固定硅酸盖板（图7-15）。

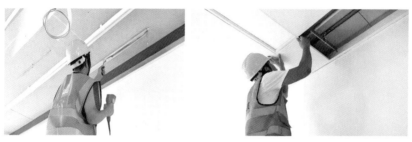

图7-15　管线预埋施工图（左）和吊顶安装图（右）

3.墙板安装及线路铺设

（1）墙板安装生产流程为：固定墙板龙骨→调节墙板缝隙→安装墙板。并运用红外线测试仪及卷尺控制墙板的平面度及直线度。

（2）按电路图要求，进行线管预埋、面板开孔预埋（图7-16）。

图7-16　墙板安装图

（二）运输环节

项目的构件生产基地距离项目191km，运输时间约3小时，由于模块单元具有超宽、超大、超高的特点，最大模块单元的尺寸达12m×5m×3.6m，白天运输困难，故选择傍晚从生产基地出发，晚上十点运输至项目，每辆运输车运输1个模块，当晚根据模块吊装顺序只将模块构件卸在施工场地内，次日由场地内汽车起重机按顺序进行吊装。自吊装开始每日安排12～15车运输，车型选择17.5m的平板车保证每日运输及次日安装量，实现产品生产、二场地装修、运输、吊装、安装的流水接驳。

四、施工

（一）施工进度计划

施工进度计划见表7-3。

施工进度计划表　　　　　　表7-3

序号	任务名称	起止日期	工期
1	施工准备阶段	2020年11月15日—2020年11月19日	5
2	场地平整及临建	2020年11月20日—2020年11月23日	3
3	基础工程	2020年11月24日—2020年12月19日	26
4	主体工程	2020年12月21日—2021年1月13日	12
5	机电工程	2021年1月10日—2021年2月4日	26
6	屋面工程	2021年1月15日—2021年1月30日	15
7	外立面铝板	2021年1月7日—2021年2月10日	35
8	室外工程	2021年1月15日—2021年2月5日	20
9	现场调试	2021年2月5日—2021年2月9日	5
10	竣工初验、消防验收	2021年2月13日—2021年2月14日	2
11	竣工验收	2021年2月15日	1

（二）现场施工流程

泰宁小学腾挪校舍为钢结构模块化建筑，模块单元均在工厂预制完成，现场完成基础筏板后进行主体结构施工。现场需重点协调模块构件的运输、进场验收、临时堆放、模块吊装、防水施工的关系。现场施工主要由以下几部分组成：

（1）对支座进行制作、安装。为保证埋件的埋设精度，首先将埋件上的锚栓按图纸设计尺寸固定在开好孔眼的钢板上，螺栓上、下端固定在钢圈上。在埋件锚栓安装前，将平面控制网的每一条轴线投测到基础面上，全部闭合，以保证锚栓的安装精度。测设好埋件中心线并在基面做出标记，作为安放埋件的定位依据，使埋件轴线与基面中心线精确对正，安装过程中测量跟踪校正。校正合格后，与结构纵横向钢筋焊接固定，防止混凝土振捣时影响锚栓移位。

（2）钢结构安装。为保证临时支撑架在吊装时的结构稳定，承重支撑架上口采用连续的支撑将所有支撑架连成一个整体，确保节点和构件吊装定位的稳定。临时支撑设置在地面上时，采用混凝土承台作为支撑，防止地面沉降对吊装精度的影响。临时支撑设置在混凝土上时，采用转换钢梁作为承重平台，使竖向力传至混凝土框架梁上。对于设置在楼板上的临时支撑，与相关单位协商留洞，洞口后施工。对于构件重量较轻时，可采用吊车对构件进行吊着状态进行定位后焊接，并采用缆风绳进行固定。

（3）标准模块单元吊装。吊装前应使用全站仪测量技术进行精确定位，保证吊装质量。项目施工过程中将高空模板做成活动式，在模板下方设置两只千斤顶，利用千斤顶来调节模板标高，确保模板标高准确。为保证高空焊接质量，当高空焊接遇风雨天气时，采用在焊接接头处设置防风雨棚进行焊接，使焊接不中断。

（三）施工重难点分析

1.总体施工部署

泰宁小学腾挪校舍项目场地红线内可用施工场地狭小，垂直运输构件重量大、数量多，模块吊装精度要求高；各专业交叉作业期间，对场地堆放、道路、垂直运输布置有很高的要求。

解决措施：各参建单位参与平面布置工作，施工过程中不断优化，达到场地利用最大化。考虑主体结构、机电及安装流水施工以及汽车起重机覆盖范围，进行场地布置，使场地布置合理紧凑，减少二次搬运。结合总体施工部署，合理布置施工机械，对场地地面提前硬化，保证材料堆放位置充足。在土方施工阶段，合理设置土坡在场地内形成环线，保证土方外运。在主体结构施工阶段，模块及钢结构构件数量多，吊装顺序要求严谨，最大构件重量达到9.8t，按吊装顺序，经过经济比选，选择适用的不同规格型号的汽车起重机，降低吊装成本。

2.吊装控制

模块单元在吊装过程中会产生因自重发生变形、因温差造成的缩胀变形、因焊接产生收缩变形等问题，造成的误差累积，会影响结构质量。

解决措施：吊装前对模块单元和构件检查测量，对变形预制构件立即纠正解决，达标后方可安装；吊装中对安装偏差超出容许偏差的模块单元和构件，要及时纠正；吊装后不能纠正的偏差在相邻构件就位时反向找回偏差。

3.防水施工

泰宁小学腾挪校舍项目作为模块化建筑，防水工程是整个工程质量中重要却又较难把控的一环，在本项目的防水工程中，遵循"以结构自防为主，多道设防、因地制宜、综合治理"的原则。强调结构自防水为主，外防水是结构自防水的一种补充。施工中将特别加强以下各部位的防水工作：

（1）屋面防水：本工程屋顶采用整体式钢结构保温金属坡屋面，排水坡度大于10%，外檐设置排水沟，有组织排水，满足排水要求。

（2）模块单元顶部防水：相邻模块单元安装完成之后，在顶部拼缝处填塞泡沫棒，然后用硅酮密封胶密封处理，安装拼缝盖板，在盖板上铺装防水卷材；最后在同层模块顶满刷2mm GS防水涂料。

（3）模块单元竖向拼缝防水：相邻模块单元安装完成后，在拼缝处填塞泡沫棒，然后用硅酮密封胶密封处理，采用防水自粘胶带封闭拼缝，待建筑整体完成之后，采用梁柱装饰包件包住拼缝。

（4）走廊防水：走廊采用结构次梁向外找坡，坡度为0.5%，在面层做法下刷2mm厚聚合物防水涂料，并在走廊挑檐外挂100宽排水沟，安装完后用梁柱包件包裹天沟。

五、综合效益分析

泰宁小学腾挪校舍项目是深圳市罗湖区政府投资的重要民生工程项目。项目的成功实施快速提供了1080个小学学位，解决了多个家庭适龄孩子上学的燃眉之急，满足了群众对优质教育的期盼。项目探索使用了叠箱结构的钢结构模块化建筑，结合多种创新技术的应用，对提升工程质量、推进科技创新与技术进步进行了尝试，为未来建设学校项目提供了宝贵经验。

本项目积极应用工程总承包模式，建筑设计与结构机电设计同步进行，钢结构模块在工厂制造的同时进行现场基础施工，同时通过BIM软件模拟施工并进行优化，在实施过程中收到了良好的效果，经综合评估，项目的建设时间减少约50%，现场劳动力减少约70%。项目采用的模块化建造技术，施工现场更为便捷，无须搭建脚手架。经估算，与同面积同类型传统混凝土建筑相比，本项目现场施工节水约70%，节电约70%，建筑垃圾减少85%以上，建筑材料可循环利用率达90%。

六、结语

泰宁小学腾挪校舍项目是深圳市模块化建筑学校的一次成功实践，采用了叠箱结构体系，像"搭积木"一样将标准模块单元叠起来，形成整栋建筑，整个建造过程快速、绿色、低碳，给绿色发展时代下的学校建设模式提供了宝贵经验。

项目运用了工程总承包管理模式，进一步使设计、制造、采购、施工有效协同，实现了产业链的全面对接，提升项目整体效益。学校建成以后，防水、隔声等各项性能指标均满足学校的使用要求，校园环境干净明亮，获得了学校和家长的一致认可，进一步坚定了主管部门及各参建单位在教育类项目上实施模块化建筑技术的信心。